军迷·武器爱好者丛书

火炮

张学亮 / 编著

辽宁美术出版社

前 言
Foreword

　　火炮大约诞生于中国的宋代，从那时起，直至导弹、原子弹发明之前，火炮一直是军事上具有极大威力和震撼力的重型武器，并被广泛应用于陆地、舰船等各个方面。所谓火炮，是指利用机械能、化学能（火药）、电磁能等能源抛射弹丸，射程超过单兵武器射程，口径不小于 20 毫米的身管射击武器。

　　陆地或舰船使用的火炮，一般由炮身和炮架两大部分组成。

　　炮身包括身管、炮尾、炮闩等。身管用来赋予弹丸初速和飞行方向；炮尾用来装填炮弹；炮闩用以关闭炮膛，击发炮弹。

　　炮架由反后坐装置、方向机、高低机、瞄准装置、大架和运动体等组成。反后坐装置用以保证火炮发射炮弹后的复位；方向机和高低机用来操纵炮身变换方向和高低；瞄准装置由瞄准具和瞄准镜组成，用以装定火炮射击数据，实施瞄准射击；大架和运动体用于射击时支撑火炮，行军时作为炮车。

　　按火炮弹道特性的不同，火炮可分为加农炮、榴弹炮、迫榴炮和迫击炮。若依炮膛的结构来分，则可分为线膛炮和滑膛炮两大类，主要区别在于膛线，而膛线的主要作用在于赋予弹头旋转的能力，使得弹头在出膛之后，由于向心力的作用，仍能保持既定的方向，以提高命中率。线膛炮在炮管内刻有不同数目的膛线，能有效保证弹丸的稳定性，提高射程。滑膛炮指炮管内没有膛线的小口径火炮，它可以发射炮射式导弹，且造价低。

若按照装填方式的不同，火炮又可分为后装炮和前装炮。

而依照用途的不同，火炮主要可分为地面压制火炮、高射炮、坦克火炮／舰炮、反坦克火炮等。地面压制火炮包括加农炮、榴弹炮、加农榴弹炮、迫榴炮、步兵炮、战防炮、无后坐力炮和迫击炮，有些国家的地面压制火炮还包括火箭炮；高射炮分为高射机炮和高射加农炮；坦克火炮／舰炮就是陆军坦克、海军舰艇上安装的主战兵器；反坦克火炮包括反坦克炮、战防炮和无后坐力炮。

此外，随着战斗机的应用，还出现了航空机炮。现代航炮主要有单管转膛炮、双管转膛炮和多管旋转炮。

而由于火炮设置的地点不同，在用途方面还包括海岸炮、要塞炮等。其中按运动方式的区别，可分为步兵携行火炮、自行火炮、牵引火炮、骡马挽曳火炮和骡马驮载火炮。

综上看来，五花八门的火炮构成了一个很大的家族，并且有了"炮兵"这一专门的军事组织单位。无论是古代、近代还是现代，甚至在未来战争中，各种不同类型的火炮仍将发挥重要作用。随着现代高科技的迅速发展和生产工艺的不断改进，未来的火炮在精准度、射程、威力、机动性方面都将有显著的提高。

为此，我们编著了这本"军迷·武器爱好者丛书"《火炮》，简明扼要地介绍100余种火炮的研制、性能及其应用事例，满足广大武器爱好者的探求兴趣。

目　录
Contents

火炮的历史

火炮的前身

在漫长的古代时期，人类曾因各种原因，尤其在不同国家之间，一直争战不休，战争也是人类发展史上重要的组成部分。

人类从原始狩猎时，便发明了弓箭。到了大军团作战时，又由此演变出弩。弩的发明和广泛使用，使战场上的攻守与拼杀增加几分惨烈。

与弓弩共领风骚的，还有一种被称为"炮"的远程射击武器。最初是抛石机，原理非常简单，它其实是一种依靠物体张力（如竹、木板弯曲时产生的扭力）抛射弹丸的大型投射器。从作战形式上看，它完全可以被认作是火炮的鼻祖，曾被称作"军中第一攻击利器"。

相传抛石机发明于中国周代，当时称"抛车"。春秋时期即被应用于战事。抛石机自发明之后，一直是古代攻守城池的有力武器，用它可抛掷大块石头，砸坏敌方城墙和兵器；而越过城墙进入城内的石弹，可杀伤守城的敌兵，具有相当的威力。

抛石机除抛掷石块外，还可以抛掷圆木、金属等其他重物，或用绳、棉线等蘸上油料裹在石头上，点燃后发向敌营，烧杀敌人。火器出现后，人们更利用抛石机"力气"大的特长，来抛射燃烧弹、毒药弹和爆炸弹，威力极大，在当时所起的作用，实际上与后来的火炮相近。

▲ 清代弓手

▲ 抛石机

▲ 11 世纪的拜占庭人力抛石机

原始炮车与连发技术的出现

抛石机发明伊始，即成为军队中的重要攻守城兵器，在频繁的战争中发挥着重要的作用。但早期抛石机必须在敌人阵地前埋设，操作人员在敌人的弓箭射程内施工，容易导致伤亡。为了克服这一缺点，一种带轮子的抛石机应运而生。

公元220年，三国初期，曹操讨伐袁绍时，在抛石机的下面装了4个轮子，叫霹雳车，亦叫作发石车。这种发石车可以在作坊里制成，不需临阵架设。当时曹军利用夜色的掩护和有利的气象条件，突然在袁军营垒前展开攻击。顿时，无数石弹飞入袁营，坚固的高橹被砸了个稀巴烂，大量弓弩手中弹丧命，袁军的坚固工事损失惨重。霹雳车在官渡之战中为曹军的胜利发挥了很大的作用。

三国时期，魏国一个名叫马钧的机械发明家，曾试验利用车轮不断转动的原理，制成了转轮式抛石机，称作"车轮炮"，能将石头连续抛射出去，加大了发射频率，提高了发石车的杀伤破坏威力。

车轮炮的出现，可以说是射击兵器由单发转向连发的最早尝试和探索，并为火炮向连动式发展提供了早期准备。

明代火炮的发展

在以后的千余年里，历次攻守城之战几乎都有发石车的身影。火药发明以后，发石车还可用来发射"火药弹"等燃物，因而成为纵火兵器。宋、元、明时随着火箭、火铳的出现，发石车才逐渐退出了历史舞台。

火药是中国的重要发明，早在唐朝末年，即已应用于军事。此后经过宋元时期的发展，军用火药的品种和配比率都有了显著增加。

14世纪中期，大明王朝建立，我国社会进入了一个新的历史时期。当时社会经济十分繁荣，农业、手工业和商业极为发达，海外贸易非常活跃，科学技术出现了明显的进步。

新的进步因素，为明代的兵器特别是火药、火器发展提供了物质技术基础。当时北方长期受到游牧部落贵族统治者的骚扰，东南沿海经常遭受倭寇的侵掠，为了巩固边防，明朝廷十分重视国家武备，对火药、火器尤为重视，朝野上下视火器为御敌"长技"，火药、火炮迅速发展起来，制造方法和加工工艺也有了明显提升，出现了火药、火炮史上的鼎盛时期。

明代初立时，就开始有了使用铁制造火炮的历史。宝源局在主要制造钱币的同时兼制火炮，之后又设置了制造火器和管理其他兵器的专门机构——军器局、兵仗局。当时的鞍辔局也兼做火器。

▲ 元代的手铳

▲ 西欧的手铳

▲ 明代佛朗机炮

▲ 红夷大炮

　　据《明会典》记载，弘治以前三大局即每3年制造一次火器。按资料计算，在1368年至1505年这137年时间内，先后生产制造了45次火器，这段时间共计制造生产的火器数量是明代制造生产火器数量之最。

　　明代火炮的制作工艺也在不断升级。《明史》记载："神机枪炮大小不等，大者发用车，次及小者用架、用椿、用托。"

　　据明代何汝宾《兵录》记载，明代的中型火炮一般采用架。明代初年，将"大碗口筒炮"等一类火炮嵌装在一条大木板的两头，大木板又安装于长板凳上，上面装有活动轴可以旋转。发射时，发射完了一头，只要转动活动轴，又可以发射另一头。

　　后来，明代火炮又使用"搭木为架"的木架炮架。《武备志》记载的佛朗机炮、百子连珠炮、飞云霹雳炮、轰天霹雳猛火炮、八面旋风吐雾轰雷炮和《天工开物》记载的神烟炮、神威大炮、九矢钻心炮等火炮，都是采用这种木架炮架。为了使火炮能左、右、低、高发射，炮架上都安装有"机"这种活动转轴一类的装置。

　　明代还有一类大型火炮，其"身长难移"，行动非常不便。为增大其机动性，人们又创制了比较完整的炮车炮架。架身像车身，下面安装有双轮、三轮或四轮，将火炮安装在炮车上，行军时用人力推拉或用骡马拖拽。如《武备志》记载的铜发熕、叶公神铳车炮、千子雷炮、攻戎炮等，《练兵实纪》记载的无敌大将军炮等。

近代火炮的发展

火药和火器自 13 世纪由中国西传以后，在欧洲开始发展。14 世纪上半叶，欧洲开始制造出发射石弹的火炮。不过火药武器真正派上用场，仍经过了几个世纪的实践。火药燃点快、威力强大，但倘若火炮设计不当，施放者会极为危险。如 1460 年，苏格兰国王约翰二世就是在燃点火炮时因火炮发生爆炸而死。

15 世纪中期，火炮与火药的技术已经达到一定水平，跃升为重要的武器。如 1453 年，君士坦丁堡的城墙被攻城巨炮所发射的大石炮弹轰毁。

火炮在发展史上具有里程碑意义的时代，大约要从 19 世纪开始。这时火炮在技术上取得长足的进步，在炮身及材料、制退复进器等方面都有明显的进步。尤其是制退复进器的发明和使用，使火炮的性能得到了空前的改善，射速大为提高。

19 世纪中叶以前，各国使用的火炮均为前装滑膛炮。这种火炮虽然在战争中发挥了空前强大的威力，但在射速、射程和精度等方面，仍存在不少明显的缺陷。

为了解决这个问题，1846 年，意大利少校卡韦利首先造出了一种在炮膛内刻有两条旋转来复线，使用圆柱形炮弹后膛装填的后膛来复线式火炮，使火炮技术有了变革性的飞跃。

不久，英国制炮商惠特沃斯用盘旋的 6 角炮膛来代替旋转的来复线，也生产了一门后膛装填的线膛炮。同前装炮相比，后装炮由炮口装弹改为炮尾装弹，提高了射速。有完善的闭锁炮门和紧塞具，解决了前装炮因炮弹弹径小于火炮口径所带来的火药燃气外泄的问题；炮膛内刻制了螺旋膛线，同时发射尖头柱体定装炮弹，使炮弹

▲ 硫黄山要塞的
加农炮

▲ 英文中 Cannon 最初指的是这种类型的火炮

▲ 第一次世界大战中德国的榴弹炮

射出后具有稳定的弹道，提高了命中精度，增大了射程；可以在炮台包括陆战掩体和军舰船舱内装填炮弹，既方便又安全。

后装炮一诞生，就显示出了多方面的优越性，因此各国便竞相研制。

19世纪70年代前后，西方各国的冶金技术有了很大的发展。德国克虏伯钢厂发明以坩埚铸造大钢块，能制造大口径的钢炮。在普法战争中，克虏伯钢炮大显神威，声名大振。战后各国纷纷采用克虏伯钢材制造火炮，炮身质量明显提高。

与此同时，法国在1865年发明平炉炼钢法后，也开始使用高质量的钢材制造炮身。英国在1878年由托马斯改进了贝色马1856年创造的转炉炼钢法，降低了钢的含磷量，制成的炮身不易碎裂。奥匈帝国则由马卡梯斯少将于1874年发明了硬青铜炮。

在炮身的形制方面，克虏伯公司于1873年开始给德国军队所使用的火炮加装被套（即筒紧炮身），或者加钢箍（即丝紧炮身），使炮身的强度得到提高，抗压能力增强。克虏伯火炮由此身价日高。

在闭锁机方面，1873年，克虏伯公司开始采用锁栓式闭锁机；1877年又使用了压缩紧塞具。这些新的炮门技术能更好地密封炮尾，承受火药燃气对膛底的巨大压力，对提高火炮的射程和威力意义重大。

1897年，法国人莫阿最早在75毫米野炮上首创了水压气体式制退复进机。通过制退复进机这个中介，炮管和炮架实现了弹性连接，既有利于减轻火炮的重量，又为提高发射速度创造了条件。这可以说是火炮发展史上一个重大突破，它标志着火炮从架退时代进入了管退时代。

就在这一年，德维尔将军、德波尔上校和里马伊奥上尉3人组成的法国炮兵研制小组，发明了第一门具有现代反后坐装置的75毫米野战炮。这门火炮采用德国人豪森内研究发明的长后坐原理，研制了具有液压气功式驻退复进装置的"弹性炮架"。炮身安装在弹性炮架上，可大大缓冲发射时的后坐力，使火炮不致移位，使发射速度和精度得到提高，并使火炮的重量得以减轻。

弹性炮架的采用缓和了增大火炮威力与提高机动性之间的矛盾，并使火炮的基本结构趋于完善。75毫米野战炮已初步具备了现代火炮的基本结构，这是火炮发展过程中划时代的突破。

现代火炮的飞速进步

经过长期的发展，火炮作为提供进攻和防御活力的基本手段，逐渐形成了多种不同特点和不同用途的体系，成为战争中火力作战的重要手段，以其火力强、灵活可靠、经济性和通用性好等优点，既可摧毁地面各种目标，也可以击毁空中的飞机和海上的舰艇，因此大量地装备了世界各国陆、海、空三军，成为战斗行动的主要内容和左右战场形势的重要因素。

现代火炮最大的进步，体现在研制出多种炮弹方面。除配有普通榴弹、破甲弹、穿甲弹、照明弹和烟幕弹外，还配有各种远程榴弹、反坦克布雷弹、反坦克子母弹、末段制导炮弹，甚至化学炮弹、核弹等，使火炮能压制和摧毁从几百米到几万米距离内的多种目标。火炮的发展受到社会经济能力和科学技术水平的制约，同时也受到军事战略和战术思想的支配。第二次世界大战以来，科学技术的飞快进步，特别是微电子、计算机、光电子和新材料等技术的发展，使火炮在设计、制造和使用方面有了一系列变化，大大加快了火炮更新换代的步伐。

为了提高对大面积的集群目标的摧毁能力，各国研制和装备了多种性能先进的火箭炮。在提高火炮机动性方面，英、美、法等国研究用新材料制成轻型火炮，便于战略运输机进行远距离运输和直升机吊运；一些自行火炮采用封闭式旋转炮塔，可以在核生化环境中快速机动，并有良好的浮渡能力；一些牵引式火炮装有辅助推进装置，不用车辆牵引就可以在战场上自行行驶。

▲ 美国 M114 榴弹炮

▲ M270 MLRS 多管火箭弹

▲ 美国依阿华级战列舰 16 英寸（406.4 毫米）三联装舰炮齐射

现代火炮早已不是单纯的机械装置，而是与先进的侦察、指挥、通信、运载手段以及高性能弹药结合在一起的完整的武器系统。近年来，高新科学技术在兵器领域的应用，引起火炮技术的重大变革，未来的火炮在精准度、射程、威力、机动性方面都将有显著的提高；而液体发射药火炮、机器人火炮、电磁炮、电热炮、激光炮等新概念、新理论火炮的出现，将揭开火炮发展史上的新篇章。

由此可见，未来战争中，各种不同类型的火炮仍将发挥重要作用。不断发展的战略、威力、反应速度和机动能力在内的综合性能是火炮系统发展的必然趋势。

M1897 型 75 毫米加农炮（法国）

■ 简要介绍

M1897 型 75 毫米加农炮是法国于 1897 年生产的一种具有划时代性质的火炮，是世界上最早的弹性炮架火炮。它集其他火炮的优良性能于一身，成为一种性能优越的火炮，极大地推进了火炮的革新。

■ 研制历程

19、20 世纪之交，德国人豪森内发明了长后坐原理专利，但是德国军队却拒绝采用这一专利。1894 年，法国人就从豪森内手里购买了这项专利。到了 1897 年，由德维尔将军、德波尔上校和里马伊奥上尉 3 人组成的法国炮兵团，根据上述专利发明出了具有液压气功式驻退复进装置这种弹性炮架的 75 毫米野战炮，由施奈德公司负责生产。

M1897 型 75 毫米加农炮的炮身安装在弹性炮架上，弹性炮架的采用缓和了增大火炮威力与提高机动性的矛盾，可大大缓冲发射时的后坐力，使火炮不致移位，从而发射速度和精度得到提高，并使火炮的重量得以减轻。

M1897 型 75 毫米加农炮装备了驻退机，由于无须在一发炮弹发射后再推回炮位，因此每分钟可以喷出 15 发炮弹，极限状态可达到 30 发的惊人火力，是名副其实的速射炮。

基本参数

炮长	2.7 米
口径	75 毫米
炮重	1160 千克
有效射程	8.5 千米
炮管	36 倍口径

■ 实战表现

M1897 型 75 毫米加农炮发明后，法国陆军视其为镇军之宝，一直秘而不宣。1901 年八国联军对抗义和团时，德军才在北京城外首次见识到了法国人的秘密武器之恐怖。

1914 年 9 月，在第一次世界大战中的马恩河战役中，法军炮兵用 M1897 型 75 毫米加农炮对德军展开猛轰，使德军伤亡惨重，为法国的胜利做出重大贡献。

B.M.C.

法国从德国人手中买来的先进发明专利，研制出了 M1897 型火炮，而又对德国人进行保密和欺骗，还反过来打击德国人。这对德国来说，真是具有讽刺意味的惨痛教训。当时全世界都被法国人的划时代发明所震惊，随后陆续跟进。

德国直到几年后，才造出了第一门国产的 77 毫米速射炮。

▲ M1897 型 75 毫米加农炮

M1906

M1906 式 65 毫米山炮 （法国）

简要介绍

M1906 式 65 毫米山炮是 1906 年法国施奈德公司生产的全世界第一种采用软后坐原理的前冲式火炮。它的生命力可谓顽强，直到 1929 年，法国军政部兵工署所拟制式兵器式样表中仍有此炮，在一战、二战、中东战争中均使用过。

研制历程

自从 M1897 型加农炮诞生后，在法国军界形成了速射炮万能论学派。1906 年，法国施奈德公司根据军政部的要求，开始研发 65 毫米的山炮，以适应山地作战之需。同年即投入生产并装备法国陆军。

M1906 式 65 毫米山炮是全世界第一种采用软后坐原理的前冲式火炮，前冲炮就是在身管前冲过程中发射，利用前冲力抵消部分后坐力的火炮，也称之为软后坐，有利于提高射速和射击稳定性。由于后坐力很小，以至于大架和驻锄已经成了不必要的部件。火炮在 360°的方向射界内，以任何装药射击时都是稳定的，无须重新恢复炮架位置。在整个高低射界内都能以高射速进行射击，而且炮班操作安全，在炮尾后无任何限制。

基本参数	
口径	65毫米
炮重	400千克
弹药初速	330米 / 秒
最大射程	6.5千米
高低射界	–9.5° 至 +35°

实战表现

M1906 式 65 毫米山炮从 1906 年研制生产后即投入使用。后来以色列、德国也相继引入了这种火炮。

知识链接 >>

　　法国的小口径速射炮之所以在后来对德国作战中失利，在于这种火炮完全无法靠近德国人，就被敌人榴弹炮的长程火力撕成碎片。就算挖掘掩体构筑炮阵地也无效，因为榴弹炮的高爆弹就算没炸中炮堡本身，光是一两发近弹的冲击波也足以杀光炮组成员，更别说德国人研制了延发引信的破甲高爆弹，可以在打穿碉堡外层后在内部引爆。

CANON DE 1913 SCHNEIDER

施耐德1913年式105毫米野战炮（法国）

■ 简要介绍

　　法国施耐德1913年式105毫米野战炮研制于20世纪初，一战进入堑壕战阶段后，开始大量装备部队，替代威力不足的75毫米野战炮，法国陆军编号L13S。德国人又将缴获的改型火炮部署到大西洋防线上。

■ 研制历程

　　20世纪初，法国施耐德公司和俄罗斯帝国普梯洛夫工厂合作，为俄罗斯陆军打造M1910年式107毫米加农炮。研发完成后，施耐德将火炮口径缩小到105毫米的版本，推销给法国陆军，但法国陆军不感兴趣，因为M1897型75毫米加农炮太过成功，法国陆军不认为部队需要更大的加农炮，不过到1913年，法国还是少量订购了几门作为测评使用。

　　1914年7月底，第一次世界大战爆发，随着德军攻势顿挫，战斗形态也从开放环境的野战转为堑壕战，75毫米加农炮的缺陷开始浮现，因为它的炮弹重量太轻，无力摧毁强化阵地与掩体。

　　法国此时只有3门施耐德M1913年式105毫米野战炮，在战争形态转换后，法国全速增产此型火炮，成为法军基础火炮，到战争结束时法军配备了1300门105毫米野战炮。

基本参数	
口径	65毫米
炮重	2300千克
弹药初速	550米/秒
最大射程	12千米
操作人数	8人

■ 实战表现

　　罗马尼亚因参与第一次世界大战，从法国购得120门施耐德M1913年式105毫米野战炮，它们在战场上起到了重要作用。一战结束后，该野战炮已经成为各国野战单位支援火炮主流。法国的854门施耐德M1913年式105毫米野战炮在德国入侵时成为德军的战利品。德国还在入侵其他国家时，掳获了上千门该野战炮，后来又将这些野战炮部署到大西洋防线上，用作大西洋防线的岸防炮。

知识链接 >>

除了法军自用，施耐德也授权给协约国在本地生产，或是外销。意大利在 1914 年 9 月开始由安萨尔多授权生产。更多的欧洲国家是直接向法国采购，并在国内各自定名。一战后，法国大量出口到其他国家，包括意大利、比利时、南斯拉夫和波兰。

▲ 施耐德 1913 年式 105 毫米野战炮

FRENCH FIELD GUN
1897/1914 年型 75 毫米高射炮（法国）

■ 简要介绍

1897 / 1914 年型 75 毫米高射炮是法国第一次世界大战期间研制生产的，是一种从地面对空中目标射击的中口径高火炮。

■ 研制历程

在一战爆发的 20 世纪早期，飞机这种新生事物已经开始用于军事侦察、空战、支援战斗。由于军用飞机技术对战争产生了巨大而深远的影响，因此防空袭击或打击空中目标成了战争中的一项重要任务。

在此背景下，法国从 1897 年开始，最终于 1914 年研制出了一款 75 毫米的高射炮，此炮主要用于打飞机（以及之后的直升机和飞行器等空中目标），从而在战争史上掀开了防空作战的新篇章。

由于 1897 / 1914 年型 75 毫米高射炮具有炮身长、初速大、射界大、射速快、射击精度高等优点，因此能够有效打击各种空中目标，还可用于对地面或水上目标射击。

基本参数	
口径	75毫米
炮重	3000千克
弹药初速	530米~590米 / 秒
有效射程	3千米~4千米
发射速度	15发 / 分钟

■ 实战表现

1897 / 1914 年型 75 毫米高射炮于一战中开始服役于法国军队。在 1916 年的索姆河战役中，德军大量装备的马克沁机枪使英法联军受到重创，法军当局于是在各部队中广泛装备了高射炮与哈奇开斯机枪，它们联合行动，在战场上显示出优异的战术性能。

1897 / 1914 年型 75 毫米高射炮

知识链接 >>

一战初期，虽然法国炮兵部队在前线被德国人打得惨败，但后方的军部仍然拒绝采用或设计更大口径的重炮，坚持认为只要改良速射炮就能解决问题。但是战况迫使他们从博物馆与垃圾场里，把旧式的大口径重炮、臼炮、攻城炮拖上战场应急。1916 年年末，才决定大幅扩增重炮部队，加紧研制出多种步兵炮、迫击炮等，大大丰富了火炮类型。

CANON DE 1917 SCHNEIDER

施耐德 1917 年式 155 毫米榴弹炮（法国）

■ 简要介绍

　　施耐德 1917 年式 155 毫米榴弹炮（又作 C17S），是法国在一战时期以 1915 年式 155 毫米榴弹炮为基础研制的，本来是施耐德公司给沙皇俄国设计的，但十月革命后改为自用，由于性能不错，在一战和二战中都发挥了作用。

■ 研制历程

　　法国施耐德公司是法国老牌的军工机械公司，早在 1897 年时就研制出了 M1897A 式 75 毫米野战炮；1915 年又推出了一型 155 毫米榴弹炮，即 1915 年式。

　　1916 年，施耐德公司接到沙皇俄国的订单，于是在原有的 1915 年式的基础上加以改进，主要是为使用发射药包（而非金属药筒）修改了炮尾，1917 年定型为施耐德 1917 年式 155 毫米榴弹炮（之后还有其改进型称为 M1918 式）。

　　施耐德 1917 年式榴弹炮能发射包括高爆榴弹、破片杀伤弹、半穿甲弹和毒气弹等在内的 5 种弹药，火力性能不错。虽然该炮的技术到了二战时已不先进，但重量轻，射程尚远，适于牵引机动。

基本参数	
口径	155毫米
炮重	3250千克
炮管长度	2.37米
最大射程	12千米
炮口初速	450米／秒

■ 实战表现

　　1917 年美国宣布正式参加一战。由于当时还没参加过大的战争，所以没有装备现代化重型火炮，只能从法国购进施耐德 1917 年式 155 毫米榴弹炮。这也是美军装备的第一种 155 毫米口径的榴弹炮。

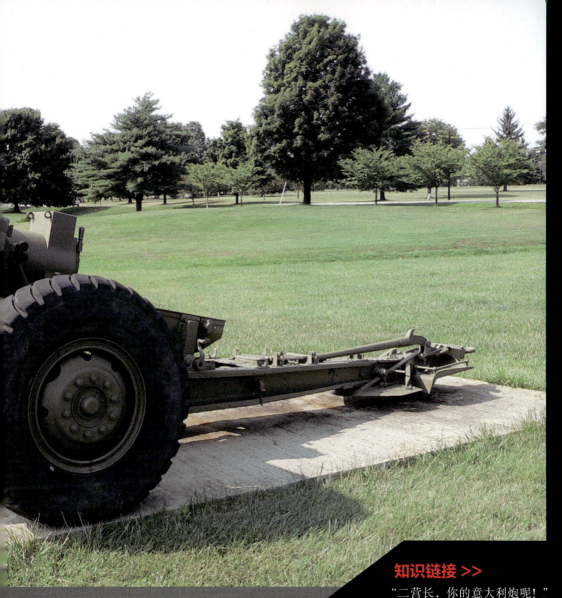

知识链接 >>

"二营长，你的意大利炮呢！"
相信看过《亮剑》的观众，对于李云龙的
这句台词印象深刻，后来"意大利炮"派上战场后，
几发炮弹就攻陷了平安县城，威力和准度确实
不错。其实，意大利的军工业产能不足，曾
在战前从法国购买了许多门施耐德1917
年M1918式榴弹炮。

▲ 施耐德 1917 年式 155 毫米榴弹炮

GIAT 30

"基亚特" 30 系列航空机炮（法国）

■ 简要介绍

　　"基亚特" 30 系列是法国武器工业集团于 20 世纪 80 年代中期开始研制的新型航空机炮，有 30-781 和 30-791 两个型号。前者于 1985 年开始研制，装备对象为武装直升机；后者于 1988 年开始研制，主要装备新一代战斗机，已被选为"阵风"战斗机装备的航空机炮。

■ 研制历程

　　20 世纪 80 年代，法国和德国联合研制出"虎"式直升机以及轻型固定翼飞机，为与之配套，法国武器工业集团于 1985 年研制出了"基亚特" 30-781 式 30 毫米航空机炮。1988 年，法国武器工业集团又研制出"基亚特" 30-791，口径仍为 30 毫米，应用于欧洲新一代的"阵风"战斗，作为主要火力。

　　"基亚特" 30-781 属于活动机芯式、单管航空机炮，其中包括电子器件。后坐力较低，初速大，而且射速可调，可单发也可连射，且连射长可选择 10 发或 25 发。

　　"基亚特" 30-791 航空机炮属于单管转膛炮，采用 7 个弹膛，并改进电子控制装置，可以电动控制机炮的射速，分高、中、低 3 档，有 3 种连射长，分为 0.5 秒、1 秒和连射。采用无链供弹，有较高可靠性。

基本参数	
口径	30毫米
炮重	65千克
炮管长度	1.87米
炮口初速	1025米／秒

■ 实战表现

　　"基亚特" 30-781 从 1985 年开始装备于法国空军，主要配置于武装直升机，尤其是法国和德国联合研制的"虎"式直升机以及轻型固定翼飞机。它既可固定安装在机体，也可作为外挂式机炮使用。1996 年时，装备了"基亚特" 30-781 的"虎"式直升机进行了试飞。"基亚特" 30-791 从 20 世纪 90 年代开始装备于法国以及欧洲其他国家的新一代战斗机，已被选为"阵风"战斗机装备的航空机炮。

▲ "虎"式武装直升机上的"基亚特"30机炮

知识链接 >>

"基亚特"30系列是欧洲战机20世纪末的主要航空机炮。但在此之前，法国武器工业集团下属的蒂尔兵工厂，1957年就曾根据法国陆军的要求，研制出"基亚特"M621轻型多功能航空机炮，该机炮1960年生产首批样炮，交付法国陆军进行发射试验，随后投产、服役，最初编号为AME582。它既可装备地面战车，又可装备武装直升机。

CAESAR SELF-PROPELLED HOWITZER

"凯撒" 155 毫米自行火炮（法国）

■ 简要介绍

"凯撒" 155 毫米自行火炮是 20 世纪 90 年代由法国地面武器工业集团自行投资研发的最新型自行榴弹炮，1998 年定型生产。这种具有"将军风范"的装在卡车上的自行榴弹炮，被誉为该武器系统中"最成熟和最成型的火炮系统"。

■ 研制历程

二战以后的一段时间，法国军方坚持认为"机动性和火力比装甲防护力更重要"，在火炮研究上也遵循此思想。20 世纪 90 年代，法国地面武器工业集团利用改进版梅赛德斯－奔驰卡车底盘，前部安装了装甲驾驶室，底盘后部安装的是完整的 152 毫米 / 52 倍口径 TR 牵引炮兵系统的上层构造，并且将火炮口径扩大到 155 毫米。1994 年后，开始制造预生产车型，2002 年定名为"凯撒"自行火炮。

"凯撒"自行火炮的武器是一种长身管火炮，身管长为 52 倍口径，带自动装弹机，炮口处有双气室式炮口制退器和炮弹初速测速装置。火炮采用全电力控制，必要时可以手动控制。发射的弹种有普通榴弹、破甲弹、火箭增程弹、远程全膛底排弹、高爆弹、子母弹和新一代精确制导炮弹等。

基本参数

基本参数	
口径	155 毫米
炮重	17400 千克
最高射速	6发 / 分
最大射程	42.5 千米
高低射界	-3° 至 +66°

■ 服役外销

法国陆军 2000 年 10 月订购的 5 门"凯撒"自行火炮，于 2003 年 6 月交付完毕。"凯撒"系统正式列装后，逐渐取代现役的 TRF-1 式 155 毫米牵引榴弹炮和 AUF-1 式 155 毫米自行榴弹炮。另外，"凯撒"自行火炮在国际市场上的表现也非常活跃，在美国和澳大利亚都有生存空间。

知识链接 >>

  "凯撒" 155 毫米自行火炮，严格地讲算不上一种装甲车辆，但它是一种轻便型的轮式自行榴弹炮。在 155 毫米轮式自行榴弹炮中，它是最轻的一种。这使它成为唯一一种可以用 C-130 运输机空运的 155 毫米级的轮式自行榴弹炮，能直接驶入 C-130 运输机的机舱内进行空运。

▲ 新一代"凯撒" 155 毫米自行火炮

2R2M 式 120 毫米自行迫击炮（法国）

■ 简要介绍

2R2M 式 120 毫米自行迫击炮是法国 TDA 公司于 21 世纪初研制的新型机动式膛线后坐力车载迫击炮。它安装在 VAB 装甲车上，配备全套火控系统、导航系统和弹道计算机，能方便地与法国陆军的"阿特拉斯"战场管理系统联网。在试验中，2R2M 展示了较高的性能。

■ 研制历程

20 世纪后半叶，随着战场环境的改变和高新技术的引入，120 毫米自行车载迫击炮在局部战争中杀伤力强、效能高，受到许多国家的重视。于是，法国 TDA 公司开始研制新型机动式膛线后坐力 120 毫米车载迫击炮，一方面采用轻型化设计，同时强调装甲防护和直瞄射击能力，20 世纪末，推出了 2R2M 自行迫击炮。

2R2M 是线膛炮，但也能发射滑膛炮弹，在使用火箭增程弹和火药气体推进尾翼式超远程火箭增程弹时，最大射程有可能增加到 17 千米～20 千米。

另外，该炮底部有专门设计的"减压阀"，当炮弹掉入炮管时有助于排出压缩空气。

基本参数

口径	120毫米
最大射程	17千米~20千米
最高射速	10发/分

■ 实战部署

法国陆军于 2003 年开始接收第一门最新研制的 MO-120-2R2M 式 120 毫米自行迫击炮。另一个将采用 2R2M 的项目，是法国的空地一体作战系统（BOA）计划。2R2M 在生产过程中仍在不断改进，其遥控发射型"龙火"是美国应海军陆战队的需求而研制的，可用飞机、直升机空运，并可实施遥控射击。该炮也于 2003 年装备陆战队步兵团，美国陆军也考虑装备这种迫击炮。

世界各国装备的先进自行迫击炮主要是在20世纪90年代到21世纪初发展起来的，因此目前装备部队和投入战场使用的并不多。新型自行迫击炮分为履带式和轮式、有炮塔和无炮塔自行迫击炮。为了满足快速反应部队和特种部队战略战术机动性的需要，近年许多自行迫击炮选用轮式底盘。

▲ 瑞典陆军装备的 2R2M 实弹射击现场

KRUPP MODEL

克虏伯 75 毫米野战炮（德国）

■ 简要介绍

克虏伯 75 毫米野战炮是一战中使用的野战炮，后来在德军中服役到二战，算得上是老资格的野战炮了。克虏伯 75 毫米野战炮属于德国军火商克虏伯公司的库存产品。它是一种基本型号，稍加改动即可符合用户的要求。除了按客户要求设计之外，每位军火商都有一定数量的不同口径的火炮库存，可以迅速满足顾客需要。这款火炮的买主主要是罗马尼亚，该国于 1903—1908 年期间购入了 360 门 75 毫米野战炮，并一直使用到 1942 年。

■ 研制历程

德国军火商克虏伯公司 20 世纪初所生产的一系列 75 毫米野战炮，广为各国采用，甚至还成为日本军队火炮的核心之一。包括 M1903 型 75 毫米 29 倍径野战炮、M1905 型 75 毫米 30 倍径野战炮、M1908 型 75 毫米 30 倍径野战炮等。克虏伯厂所生产的炮种，一贯享有质地良好、精度高的声名，因此这一系列的火炮甚至在二战时期，也为许多国家持续使用。

基本参数	
口径	75毫米
炮重	1079千克
操作人数	7人
最大射程	6千米
炮口初速	546米/秒

■ 逸闻趣事

法国皇帝拿破仑一世是炮兵出身，号称"炮兵皇帝"，对火炮的作用极为重视，但到 1870 年爆发普法战争时，骄傲的法国炮兵被普鲁士炮兵全面超越，法国战后提出研制新型火炮的要求，M1897 式 75 毫米火炮应运而生。法国炮兵对该型火炮喜爱有加，亲昵地称呼其为"法国小姐"。一些年轻的军官更认为，M1897 式 75 毫米火炮火炮能够克敌制胜、包打天下。

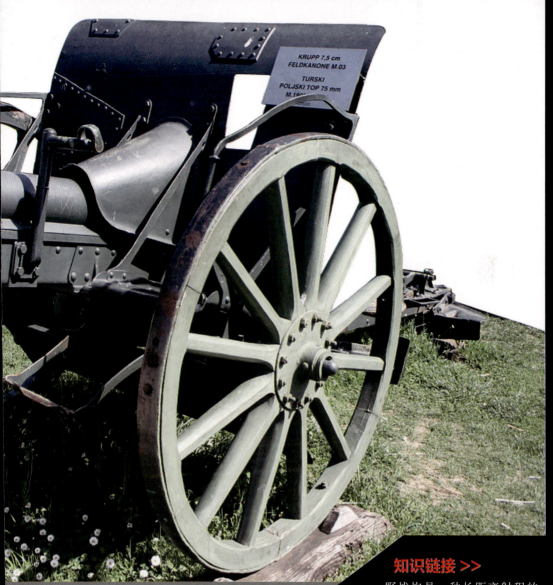

KRUPP 7,5 cm
FELDKANONE M.03

TURSKI
POLJSKI TOP 75 mm
M.190...

知识链接 >>

　　野战炮是一种长距离射程的武器，以平弧度发射它们的炮弹，基本上是利用它们的穿透能力攻击坚硬的目标。炮兵的威力强大到足以连续猛击最坚固的防御工事和后方的敌军，炮兵也能够迅速地从一个发射位置移到另一个发射位置。在一个机动式的战争中作战或是躲避敌军的火力攻击时，这是其重要的性能指标。

▲ 克虏伯 75 毫米野战炮

FK 96

1896年改进型77毫米野战炮（德国）

■ 简要介绍

　　1896年改进型77毫米野战炮是德国老牌军工企业克虏伯公司设计的现代式火炮。它性能优良，带有液体弹簧式后坐系统和克虏伯水平滑动炮门，是一战爆发时德军的主要野战火炮，同时也是保加利亚和土耳其军队的标准火炮。

■ 研制历程

　　克虏伯家族一直是德意志军国主义的柱石，受到国家当局的垂青。恪守时间、遵从纪律、执行命令是这个家族的传统。克虏伯家族的奠基人叫阿尔弗雷德·克虏伯（1812—1886），他生产的大炮曾使俾斯麦在19世纪中叶先后战胜了奥地利和法国，这就是著名的克虏伯大炮。克虏伯从此一战成名，甚至长期以来成为德国火炮的代名词。

　　1896年，克虏伯公司在原77毫米火炮的基础上加以改进，采用了最新发明的带有液体弹簧式后坐系统和克虏伯水平滑动炮门，定型后命名为1896年改进型77毫米野战炮。

基本参数	
口径	77毫米
炮重	925千克
高低射界	−13° 至 +15°
水平射界	左右各8°
最大射程	8.3千米
弹药初速	465米／秒

■ 实战部署

　　1896年改进型77毫米野战炮自实现批量生产后即装备德意志帝国陆军，在整个第一次世界大战过程中一直保持生产，战争将近结束时仍有逾5000门在服役。战后，有许多被波兰、爱沙尼亚、拉脱维亚和立陶宛军队拿走，一直服役至20世纪30年代，最终被更先进的设计所取代。

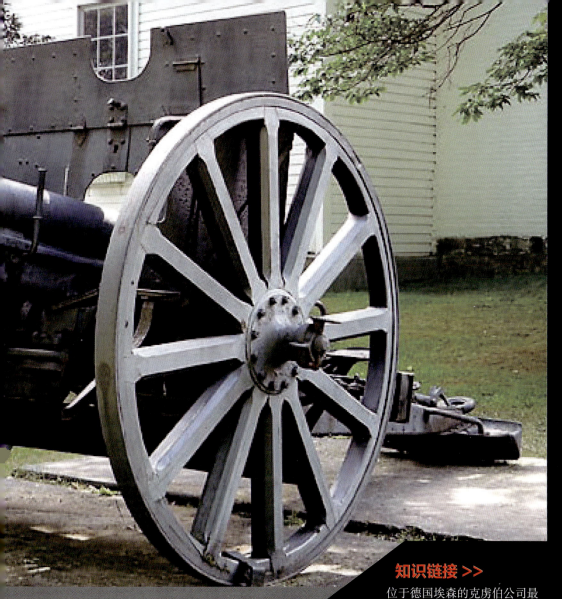

位于德国埃森的克虏伯公司最初不过是个小小的铁匠铺，干些打铁之类不起眼的小买卖，传到老克虏伯手里时，只有三间茅草屋而已。后来老克虏伯创造出了"罐钢"，又用这种性能极好的钢造出了优良的后膛钢炮，克虏伯至此才名扬四海。

▲ 1896 年改进型 77 毫米野战炮

PARIS GUN
"巴黎"炮（德国）

简要介绍

"巴黎"炮是 1918 年由德国克虏伯公司研制的一型口径为 210 毫米的超级大炮。该炮 1918 年 3 月到 8 月被使用，因 3 月 23 日开始用于炮击法国首都巴黎，后被称为"巴黎"炮，也是世界上射程最远的火炮之一。

研制历程

第一次世界大战末期，德国的埃尔哈特博士想要在心理上给予敌人巨大压力，于是设计了一种超级大炮，他以炮身长 17 米的海军炮为原型，加长加粗，并在炮身上方安装了悬臂支架，还专门设计了可在铁轨上机动的底盘。这门大炮最初由克虏伯制造公司生产后，以总裁贝尔塔·克虏伯夫人的名字命名为"贝尔塔"炮。

"巴黎"炮在当时的武器装备中，算得上是最大的一款武器了，德国人出于越大越好的目的，为其取绰号"威廉皇帝炮"。不过虽然威力巨大，但携带炮弹仅有几发，而且排管要经常进行更换，射击准确度非常低。

"巴黎"炮的载体是火车，因此必须在轨道上进行运输，这也是它最终被同盟国军队摧毁的根源。

基本参数

基本参数	
口径	210毫米
炮重	256000千克
全长	35.7米
最大射程	129千米
炮口初速	1700米/秒

实战表现

1918 年 3 月 23 日上午 7 时 20 分，"巴黎"炮开始对法国巴黎进行轰击，一直持续到下午。3 月 29 日，德军的一发炮弹击中了巴黎市中心的圣热尔瓦大教堂，造成 91 人死亡、100 多人受伤。直至 8 月 9 日，3 门"巴黎"炮从不同位置向巴黎共发射了 300 多发炮弹，其中有 180 发落在市区，其余的落在了郊外，造成 200 多人死亡、600 多人受伤。

知识链接 >>

　　"巴黎"炮是当时最大的一型
火炮，直到第二次世界大战时才被史威
尔·古斯塔夫炮和 V-3 炮超越。其炮弹能发
射到 40 千米的高空，是第一个达到平流层
的人造物品。

▲ "巴黎"炮

KRUPP 280MM

280毫米"利奥波德"列车炮（德国）

■ 简要介绍

    280毫米"利奥波德"列车炮又称K5列车炮，是1934年德国老牌军工厂克虏伯设计生产的一款超大型列车炮。该炮于1936年服役，由于性能优异，在各战场都深受好评，直到二战结束前，德国仍然在生产该型列车炮。

■ 研制历程

    一战后，德国受到《凡尔赛条约》的影响，被禁止发展大口径火炮，在各国火炮发展起来的情形下，德国以发展海军为借口继续研制大口径火炮。1933年，德国开始进行一连串搭载超重型火炮的列车炮研制计划，其中克虏伯公司提出了利用现有的载具搭配上280毫米口径火炮的计划，并于1935年进行了一系列火炮测试。由于测试效果显著，最后为德国军方所采纳，并且定名为K5"利奥波德"（leopold）列车炮。

    "利奥波德"列车炮的炮管采用深膛线，炮管不需抬起，支撑在普通炮架上，用2台12轮的铁道车运输。调整主炮的射角则由炮身两旁各一组的液压装置及中央一组的液压缓冲器负责，加上铁道上的地台转盘，使该炮可作360°旋转。

基本参数	
口径	280毫米
炮重	218000千克
全长	31.1米
最大射程	64千米
炮口初速	1120米/秒

■ 实战表现

    "利奥波德"列车炮是二战前德国设计最成功的列车炮，深受德军炮兵的欢迎，被称为"苗条的贝尔塔"。1944年时，两门"利奥波德"列车炮曾将同盟国部队封锁在意大利安齐奥滩头，给其士兵造成了极大的伤亡和恐慌，于是便有了另一个绰号"安齐奥特快"。同盟国部队突破古斯塔夫防线后，德军方才解除对安齐奥的包围，并被切断了退路。被缴获的2门炮后来被送到美国进行测试评估。

知识链接 >>

　　1940 年至 1942 年，德国人又发展出了重 248 千克的火箭增程弹，从而使"利奥波德"列车炮的射程提高到 86.9 千米。后来又将炮管的膛线去掉，改为滑膛，口径扩大到 310 毫米，发射尾翼稳定弹时射程可达 151.3 千米，超过了著名的"巴黎"炮的射程。

▲ 280 毫米"利奥波德"列车炮

DORA CANNON

多拉巨炮（德国）

■ 简要介绍

　　多拉巨炮是由希特勒下令研制的超重型火炮古斯塔夫巨炮后生产的第二门巨炮，是以克虏伯老板的妻子名字命名的，因为多拉巨炮没有在战场上发挥任何作用，战败时德国销毁资料，所以多拉巨炮无详细资料。

■ 研制历程

　　二战前夕，各国都以英国的武装列车为基础，发展出各式各样的列车炮，这些列车炮被列强国家大量使用。二战期间，德军考虑占领区的海岸线极为深长，为了确保它们的安全，下令克虏伯公司研制列车炮以防卫这些领域，多拉巨炮便是在这种背景下诞生的。

　　虽然多拉巨炮的资料被毁，但是军事专家推断多拉巨炮比古斯塔夫巨炮还要大，发射全重与射程也比古斯塔夫巨炮有所增加。预计能支援打击东部战线，甚至是执行反游击的任务。

▲ 800 毫米炮弹

基本参数

基本参数	
口径	800毫米
炮重	1350000千克
全长	47.3米
最大射程	48千米（高爆弹）；38千米（穿甲弹）
炮口初速	820米／秒（高爆弹） 720米／秒（穿甲弹）

■ 逸闻趣事

　　多拉巨炮生产出来之后于 1942 年 8 月中旬被运到斯大林格勒以西 15 千米的发射阵地，一个旅加一个营的兵力为多拉巨炮服务，直到 9 月 13 日才完成发射准备，不过很快便被德军高层命令拆除，并火速离开阵地，原因是苏联对德军的合围圈即将完成，多拉巨炮一炮未发便回到了德国。随着战局溃败，多拉巨炮被抛弃，直到二战后被美军在古斯塔夫巨炮附近发现。

希特勒视察多拉巨炮

知识链接 >>

　　列车炮最早出现于美国的南北战争，虽然现代科技的长足进步让此类巨型火炮显得相对落伍，但是在以往不算短的时间中，列车炮除了扮演火力支援、长程攻击的重要角色，也带动了不少科学理论基础的进步，如高层大气弹道学、外弹道特性学、热力机械应力学等。

KARL-DEVICE

卡尔重型臼炮（德国）

■ 简要介绍

卡尔重型臼炮是二战中最有名的德军重型臼炮。其 600 毫米的巨大口径和短身管猪鼻式炮管成为其典型特征，它是战争史上建造的最大口径的重型臼炮。每门臼炮配 19 人的炮班，其中指挥官 1 人，炮手 18 人，另外底盘还需要正副驾驶员各 1 人。战争末期，每两门臼炮编成一个连，在完全没有制空权的战况下基本没有作用。

■ 研制历程

为了对付法国建造的马奇诺防线，德国莱茵金属公司从 1935 年起就投入到了新型臼炮的研制中，设计方案经过反复修改，最终军方才同意以 "040 号设备" 的制式号批准生产。负责参与生产指导的炮兵将军卡尔·贝克对这种重炮寄予厚望，他认为一旦集中使用数门重炮肯定无坚不摧。不过他担心生产进度赶不上战争爆发，于是建议打破先预产再量产的常规，先生产 6 门火炮。在他的坚持下，这个完全打破标准程序的建议得以通过。6 门重炮在 1941 年 8 月全部完工。除了以 "卡尔" 统称外，每门炮都具有极具北欧神话色彩的个性化名字。

使用卡尔重型臼炮的新型 5 号和 9 号发射弹药时，射程可以达到 6.5 千米，弹头在飞行末段垂直下落，最大可击穿 2.5 米厚的混凝土层，然后在延迟引信作用下爆炸。

基本参数	
口径	040 / 600 毫米；041 / 540 毫米
炮重	124000 千克
全长	11.37 米
最大射程	高爆弹：6.5 千米；穿甲高爆弹：4.3 千米
炮口初速	192 米 / 秒（高爆弹） 179 米 / 秒（穿甲弹）

■ 实战表现

1942 年 3 月，德军对苏联的塞瓦斯托波尔要塞久攻不下时，德军第 833 重炮营奉命前来支援攻坚，4 月 18 日，几辆卡尔重型臼炮到达指定射击位置的 151 高地附近。德军第 22 工兵连用了 22 天为它构筑射击阵地。其间，德军运去了 72 发重弹和 50 发轻弹。6 月 2 日起，卡尔重型臼炮开始轰击。在半个月的时间内，122 发弹全部打完。最终，在卡尔重型臼炮等巨炮的轰击下，一些构筑极为坚固的苏军炮台和地下弹药库被摧毁。

臼炮是一种炮身短、射角大、初速低、高弧线弹道的滑膛火炮；其射程近，弹丸威力大，主要用于破坏坚固工事。因其炮身短粗，外形类似石臼，因此在汉语中被称为"臼炮"。小口径、方便携带的臼炮后来发展为迫击炮。

▲ 德军士兵正在运行卡尔重型臼炮

STURMTIGER

突击虎式自行火炮 （德国）

■ 简要介绍

突击虎式自行火炮是巷战利器。曾经在德国境内发射的一发火箭弹，命中了一个美军M4坦克停放场，强大的冲击波掀翻了三辆坦克，使之暂时丧失了行动能力。

■ 研制历程

苏军利用断壁残垣的地利给予德军重大打击，而普通火力很难有效杀伤其中的目标。受此教训，德国急需为参加巷战的重装步兵配置足以杀伤结构复杂建筑内敌人的火力支援车辆。

突击虎式自行火炮在整个二战中一共生产了18辆。现今尚存2辆完整的突击虎式自行火炮，它们分别存放在德国的车辆与工艺博物馆和俄罗斯的库宾卡战车博物馆。

基本参数	
口径	380毫米
总重	65000千克
全长	6.28米
装甲	150毫米
时速	40千米/时

■ 实战表现

1944年8月12日，突击虎式自行火炮被运输到波兰参加镇压华沙起义的行动，这是它第一次在战场上亮相。"突击虎"能用一发火箭弹，摧毁任何建筑或者其他目标。"突击虎"重达65000千克，装备一门380毫米臼炮。"突击虎"式自行火炮虽然威力强大，但出现时间过晚且生产数量太少，已无法影响战争进程。

▲ 同盟国军队俘获的突击虎式自行火炮

PaK35/36 反坦克炮（德国）

■ 简要介绍

PaK35／36反坦克炮是一款德国于第二次世界大战期间使用的轻型牵引火炮，其所使用的炮弹口径为37毫米，机动性很强，可执行多种任务，直至1942年被PaK 38取代前，一直为德国国防军的最主要反坦克武器。

■ 研制历程

1916年，德国人发现他们几乎没有对付英国坦克的武器，于是开始研制反坦克炮。1924年，莱茵金属公司开始研发一支马拉的37毫米反坦克炮。20世纪30年代初开始，设计人员以镁合金车轮和充气轮胎代替原来的木轮，从而研制出新式反坦克炮，1935年定型生产时被称为PaK35／36。

PaK35／36反坦克炮可放在两个装有气压轮胎的大型车轮上运行，依靠炮手班人力操作火炮并不费力。使用时可由汽车或某些类似的轻型车辆牵引，并且将它放在卡车车厢上或铁路平板车上也非常容易。

作为一种反坦克炮，它能发射穿甲弹，又能发射超口径榴弹，发射超口径榴弹时威力足可穿透127毫米厚的装甲板。因此对于德国空军新组建的空降部队和山地作战部队具有明显的吸引力。

基本参数	
口径	37毫米
总重	450千克
炮管长度	1.66米
炮口初速	762米／秒
最大射程	5.484千米

■ 实战表现

在第二次世界大战的首年，PaK35／36也成了不少国家的基本反坦克武器。不过这时，它已经表现出穿甲能力上的落后。到1940年时，由于太轻以致根本不能对付拥有重型装甲防护的英军坦克。这些反坦克炮中的大多数在敌压制炮火射击时，都连同炮手一起丧失了战斗能力，尔后又被英军坦克轧得粉碎。之后，PaK35／36逐渐被PaK38取代。

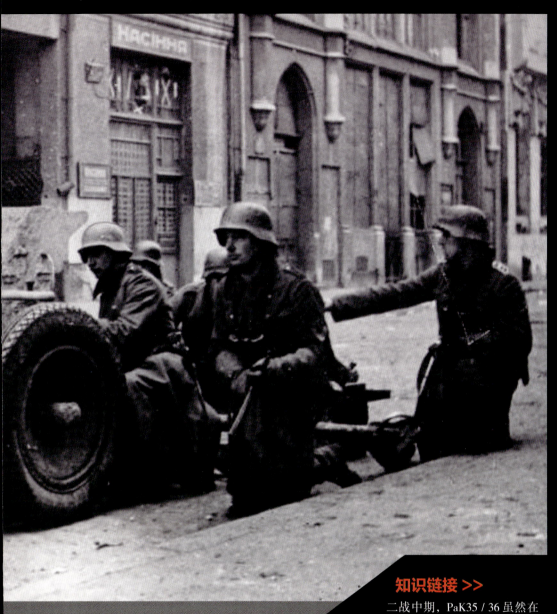

知识链接 >>

二战中期，PaK35／36虽然在欧洲战场表现不佳，但在亚洲战场却是坦克杀手，因为日军坦克装甲薄弱且采用旧式的铆钉连接而非焊接，所以PaK35／36能击毁日军九五式轻型坦克甚至九七式中型坦克。

▲ 博物馆中的 PaK35／36 反坦克炮

SFH18

SFH18 式榴弹炮（德国）

■ 简要介绍

SFH18 式榴弹炮是德国 20 世纪 20 年代后期在 SFH13 式榴弹炮的基础上改进而来的一种重型榴弹炮。它是世界上第一种采用火箭增程弹的火炮，也是第二次世界大战中德军的主力火炮，德军将士称其为"常绿树"。

■ 研制历程

20 世纪 20 年代后期，德国为取代当时已经过时的 SFH13 式榴弹炮，开始研发一种新式的重型榴弹炮。为了逃避国际监视，德国一方面采取多公司合作方式，另一方面以"18 年式"命名，让国际间认为此装备是大战结束前设计的，以回避《凡尔赛条约》的限制。

SFH18 采用水平滑契式炮栓的后膛闭锁系统和液压机械复合式后坐缓冲系统，炮架或载具种类为双轮开腿式炮架。它是德国人为了闪击战之需求而设计制造，由于德国自身机械化能量不足，不可能让火炮全部使用半履带车拖曳，因此战场上不少 SFH18 还是使用马拖曳，推进速度无法追上真正的机械化部队。另外，SFH18 并没有安装悬吊系统，就算用机械车辆拖曳，其时速仍然无法达到令人满意的程度。

基本参数

口径	149.1毫米
总重	5530千克
炮管长度	4.45米
炮口初速	515米/秒
最大射程	18.2千米

■ 实战部署

SFH18 式榴弹炮为德国在第二次世界大战中的主力重型榴弹炮，每个步兵师皆配置了 12 门作为火力支援。通过实战与各国的主力榴弹炮相比，发现其并不能算是优秀装备，苏联主力火炮 A–19 式 122 毫米榴弹炮最大射程可达 20 千米，即使是口径接近 ML–20 式 152 毫米榴弹炮的射程也有 17 千米，明显的射程劣势使得德国面对苏联炮兵无法有效回击。

知识链接 >>

德国在开发 SFH18 之后研发的新型大口径榴弹炮都不成功，为了增长 SFH18 的射程，于 1941 年设计出火箭推进榴弹并配发至前线，使此炮成为世界上第一款使用火箭推进榴弹的榴弹炮。不过使用火箭推进榴弹虽然可以增加 3000 米的射程，但一方面程序烦琐，另一方面准确率不高，因此配发后不受好评而很快退出第一线。

▲ 德国士兵在东线战场上使用 SFH18 式榴弹炮

75毫米Le.IG18步兵炮（德国）

■ 简要介绍

75毫米Le.IG18步兵炮是1927年由德国莱茵金属公司研发设计的，1932年开始试生产。1939年，即成为德国国防军装备的标准步兵炮，主要用于直瞄支援步兵作战。二战后期曾使用空芯装药穿甲炮弹，具有一定的反坦克能力。

■ 研制历程

1915年，壕沟、碉堡、炮台遍布西线，阵地战格局已定。交战各国炮兵的武器除了数量不多的重炮外，主要装备是数千门75毫米级别的加农炮。德军发现75毫米加农炮啃不动战壕，1927年，德国莱茵金属公司受命于军方，开始研制新式的步兵炮。1932年方案获得通过，即开始投入试生产，1937年定型量产，命名为75毫米Le.IG18步兵炮。

75毫米Le.IG18步兵炮装备的弹药，主要有Inf. shell 18一般炮弹、Inf. shell 38 HL / A空芯装药穿甲弹和Inf.shell 38 HL / B高爆榴弹，能有效用于直瞄支援步兵作战，尤其空芯装药穿甲炮弹具有一定的反坦克能力。该炮采用了装甲保护盾牌；在必要的时候，它还能够被快速分解成4×140千克的负荷，机动Le.IG18没有炮盾。

基本参数

基本参数	
口径	75毫米
总重	400千克
全长	0.88米
炮口初速	259米/秒
最大射程	3.793千米

■ 实战表现

1939年9月，第二次世界大战爆发时，有3000门75毫米Le.IG18步兵炮进入德国国防军中服役，二战中后期被更大口径的步兵炮所取代。直到1945年3月，还有2549门在德军中服役。另外，还研制出其伞兵型号75毫米Le.IG18F步兵炮，它的重量更轻，炮轮更小，方便伞兵的快速机动作战。

▲ 75 毫米 Le.IG 18 步兵炮班

知识链接 >>

　　步兵炮，泛指所有归属步兵自身的重火力，与其说是某一类型的火炮，不如视作是应战术要求而发展、具备某些特性火炮的统称。一战和二战期间，炮兵技术发展极为迅速，射程、弹药威力及准确性大幅提升，炮兵也逐渐摆脱以往配角地位，成为具有独立自主性的战斗兵种，并且随着火炮射程增加而远离前线，这些均造成步兵在需要直接火力支援时的不便，而后，有了发展步兵自属火炮的构想。

150毫米 SIG 33步兵炮 (德国)

■ 简要介绍

150毫米 SIG 33步兵炮是德国于 1927年开始设计的新型火炮，1933年定型正式投产，1935年装备德军步兵师，是二战德军产量较大的步兵炮。该炮威力较大，因此大量配置在德军装甲战斗群和步兵支援群中。

■ 研制历程

150毫米 SIG 33步兵炮最早于 1927年开始研制，1933年正式投产，以后不断改进，衍生了 150毫米 SIG 33/1、SIG 33/2两种重要的自行火炮型号。该步兵炮最初并没有配置反坦克的穿甲炮弹，直到 1941年德国新的穿甲弹技术的出现，从而强化了反坦克能力，在炮口安装了炮口制退器。为了容纳大的发射装药量，炮室也进行了强化。

150毫米 SIG 33步兵炮炮口巨大，有着极大的威力，能产生强大的心理威吓力，通常不用几发炮弹，意志薄弱的敌人就会从战壕里出来投降。

在实际作战中，因为该炮的巨大重量限制了其对德军步兵的支援和发挥，所以自行化改装也迅速进行，比如在一系列坦克底盘上加装 150毫米 SIG 33步兵炮，这样机动性的问题才得以解决。

基本参数	
口径	149.1毫米
总重	2000千克
全长	1.68米
炮口初速	241米/秒
最大射程	4.698千米

■ 实战表现

自行化的 150毫米 SIG 33步兵炮一生产出来，就是德国步兵和装甲部队的抢手货，其被大量配置在德军装甲战斗群（与虎、虎王、4号坦克、黑豹坦克一起协同行动）和步兵支援群（与4号突击炮一起伴随步兵进攻）中。直到 1945年战争结束时，该炮依然保持生产。

知识链接 >>

步兵的机械化程度低，轻便的火炮才能在战场上始终伴随步兵，为步兵及时提供火力支援。步兵炮的特点是机动灵活，只需3～6人即可随时拆卸，随时转移，适应战场的变化，随时提供一定的火力支援和对敌人步兵的火力压制。由于口径较小，射程较近，威力有限，因此在火炮家族中，步兵炮是不折不扣的"侏儒"。德国150毫米SIG 33步兵炮却是例外，它重达2吨，堪称"侏儒"中的"巨人"。

▲ 150 毫米 SIG 33 步兵炮

ANTIAIRCRAFT GUN
88 毫米防空炮（德国）

■ 简要介绍

    88 毫米防空炮是世界著名的火炮制造商德国克虏伯公司完成设计制造的，1933 年开始在部队服役，该炮是二战中使用得最成功的火炮系统。88 毫米防空炮不仅是一型非常成功的中口径高炮，还拥有极强的反坦克作战能力。

■ 研制历程

    作为第一次世界大战的战败国，德国被严格限制发展军备，故 88 毫米防空炮是在瑞士的克虏伯子公司完成设计和测试的。克虏伯公司的设计人员预见到作为高炮的主要作战对象，轰炸机会飞得更高，也会飞得更快，因此选择了 88 毫米，这在当时是尚属罕见的大口径，并使其赋予弹丸较高的炮口初速，这个特点为它日后成为有效的反坦克武器奠定了基础。与此同时，他们还设计了一个相当精致的自动供弹装置，仅用于防空作战。

基本参数

口径	88毫米
总重	4.986千克
全长	4.7米
炮口初速	820米/秒
防空最大射程	9.9千米
对地最大射程	14.813千米

■ 实战表现

    1940 年 5 月，隆美尔指挥的第七坦克师从比利时境内向敦刻尔克高速挺进，中途遭遇一支英军的反冲击。面对英军的重型坦克，德军的 37 毫米反坦克炮束手无策。关键时刻，一个高炮连的 88 毫米防空炮压低炮口，向英军开火，眨眼间击毁英军九辆坦克，迫使英军后撤。这一仗给隆美尔留下了很深印象。从此，88 毫米防空炮成为他一张得心应手的反坦克王牌。

知识链接 >>

88毫米防空炮的反坦克战果让德军自己都惊讶万分，因该炮强大的反坦克性能衍生出了各形反坦克炮，后来该炮还成了"虎"和"狮"系列坦克、"费迪南"坦克歼击车、"猎豹"坦克歼击车的主炮。

▲ 德国88毫米防空炮

FLAKPANZER GEPARD

"猎豹"35毫米双管自行高射炮（德国）

■ 简要介绍

"猎豹"双管自行高射炮是德国1966年开始研制、1973年定型的一种35毫米双联装自行高射炮，是当今世界上战术技术性能最优越、结构最复杂、造价最高的高射炮系统之一。除装备联邦德国陆军之外，还出口到荷兰、比利时、日本等多个国家。

■ 研制历程

二战之后，联邦德国国防军陆军逐渐完成了精简整编，精简后的防空兵力只编有一个防空旅。虽然人员编制在数量上大大减少了，但是为完成其作战任务，陆军防空兵在发展武器装备上下了极大的功夫，尤其需要装备作战能力十分强大的自行防空火炮。

1966年，德国开始致力研制火力、机动能力、指挥控制能力以及防护能力都居世界领先地位的自行高射炮，于是产生了作战能力超强的"猎豹"35毫米双管自行高射炮。

基本参数

口径	35毫米
总重	46300千克
炮口初速	1175米/秒
有效射高	3千米
最大射程	12.8千米

■ 作战性能

"猎豹"自行高射炮主要武器为2门KDA型35毫米机关炮，每门炮的理论射速为550发/分。弹药基数为对空320发，对地20发。它既可攻击中低空飞行的飞机，也可攻击轻型装甲车辆等地面目标。配用的弹种有燃烧榴弹、曳光燃烧榴弹、穿甲燃烧爆破弹、曳光脱壳穿甲弹等。其火控系统包括跟踪搜索雷达、光电和光学三套装置，适应在各种干扰下持续作战，具有"三防"能力。

知识链接 >>

"猎豹"自行高射炮首批产品于1976年年底正式装备联邦德国陆军。此外，该炮还出口到荷兰95辆，比利时55辆。此后，很多国家自行高射炮的发展大都受到了"猎豹"的影响，荷兰在"猎豹"的基础上发展了CA-1"凯撒"高射炮系统，并装备荷兰陆军。日本也发展出87式自行高射炮，被外界评价为"另一个'猎豹'"。

▲ "猎豹"自行高射炮开火

MAUSER BK27

"毛瑟"BK27 航空机关炮（德国）

简要介绍

　　"毛瑟"BK27 航空机关炮是德国毛瑟公司 1971 年开始研制的新一代单管转膛导气式航炮。1979 年开始装备联邦德国空军"旋风"多用途战斗机和"阿尔法"喷气攻击机，还装备英国和意大利空军、瑞典"秃鹰"战斗机以及各种欧洲战斗机。

研制历程

　　1971 年，奥伯恩道夫 – 毛瑟公司（莱茵金属公司的子公司）开始为欧洲的"狂风"多用途战斗机研制新一代的单管转膛导气式 27 毫米火炮，作为欧洲实施的"北约组织多用途战斗机研制管理机构"整个计划中的一部分，其设计要求是：高初速、高射速、高精度、高可靠性，各种弹药的外弹道特性相同，引信在极小弹着角时工作正常。

　　1976 年，这种新型机炮被研制完成，定型为"毛瑟"BK27 航空机关炮，随后还由计划装备"狂风"战斗机的英国和意大利在各自国家内进行生产，分别由英国皇家兵工厂和意大利布雷达、贝雷塔等公司负责。

　　"毛瑟"BK27 航空机关炮于 1979 年进入德国空军服役，随后进入英国和意大利空军服役，并外销到约旦、沙特阿拉伯等国。

基本参数	
口径	27毫米
总重	100千克
炮管长度	2.31米
炮口初速	1025米 / 秒

作战性能

　　"毛瑟"BK27 航炮采用单炮管、5 弹膛、电发火、燃气推动，能全自动工作，但口径减至 27 毫米，初速和射速提高。所使用的炮弹至少有 7 种：空对空的两种高爆炮弹；对地攻击有穿甲弹、穿甲高能量弹、穿甲高能量自爆引信弹 3 种；还有两种训练弹。BK27 可单发，也可连射，且连射长可选择，具有两段式的射速（每分钟 1000 发或 1700 发），分别对付地面及空中的目标。

知识链接 >>

1995年，BK27以机炮吊舱形式展出其最新出口型，在欧洲相当受欢迎，使用机种包括"狂风"战斗机、"阿尔法"喷气式攻击机、欧洲战斗机、瑞典JAS-39"鹰狮"战斗机等。另外，美国F-35A最初也打算采用此机炮。

▲ "毛瑟" BK27 航空机关炮

"毛瑟"MLG 型 27 毫米舰炮（德国）

■ 简要介绍

　　"毛瑟"MLG 型火炮系统是德国奥伯恩道夫 – 毛瑟公司（莱茵金属公司的子公司）推出的一种舰载 27 毫米小口径火炮，以替换现役人工操作的 20 毫米和 40 毫米火炮。该型火炮于 1996 年开始研制，2000 年开始生产并装备部队，从而成为德国海军的制式舰炮。

■ 研制历程

　　1971 年，德国莱茵金属公司子公司毛瑟公司开始为欧洲多用途战斗机"狂风"研制新一代单管转膛炮，之后推出了"毛瑟"BK27 航空机炮。

　　1996 年，为适应新的战斗形势需要，毛瑟公司在"毛瑟"BK27 自带光感遥控旋转火炮的基础上，开始研制一种 27 毫米的舰载火炮。

　　1998 年，该项目投入工程研制，1999 年样炮投入试验，2000 年进行作战鉴定试验和最终定型试验，随之小批量生产，命名为"毛瑟"MLG 型舰炮。

　　"毛瑟"MLG 型 27 毫米舰炮自 2000 年开始装备德国海军，另外科威特也订购了一批该火炮。

基本参数	
口径	27毫米
总重	850 千克
射速	1700 发 / 分
炮口初速	1025米 / 秒

■ 作战性能

　　"毛瑟"MLG 型 27 毫米舰炮是一种自主式遥控武器系统，安装时无须穿透甲板，所以安装地点也不受限制。其主体为自带光电传感器的遥控型"毛瑟"BK27 旋转式火炮。通过使用新研制的可碎裂弹芯脱壳穿甲弹（FAPDS）可以获得更远的射程和更强的穿甲能力。遥控操作员使用带有操纵杆的专用显控台控制炮塔和传感器，输入火控参数，锁定目标并控制火炮发射。炮塔采用双轴稳定，方位精度小于 1 毫米弧度。

▲ BK27 海军版 MLG 型 27 毫米舰炮

知识链接 >>

2003 年年底，德国开始了全面的配套改进，对象包括德国海军的 122、123 和 124 级护卫舰，332、333 级猎雷舰和扫雷艇，352 级反水雷舰以及 404 级供应船和 702 级补给舰。同时 MLG 型 27 毫米舰炮还将被新的海军建造项目所采用，包括 K130 轻型巡洋舰。它不仅是轻型巡洋舰和护卫舰的辅助武器，更是补给舰、供应船和小型舰艇的主要武器。

WEASEL AWC

"鼬鼠" 2 空降自行迫击炮（德国）

■ 简要介绍

　　"鼬鼠" 2 自行迫击炮是德国设备齐全的多车辆武器系统"鼬鼠" 2 空降迫击炮作战系统的核心，20 世纪 90 年代由莱茵金属地面系统公司研制，能够快速空运部署。该武器系统能为空降部队和突击队提供高度灵活的火力，明显增强其突破和防御能力。

■ 研制历程

　　1974 年 4 月，波尔舍公司的履带式战车方案中标，20 世纪 80 年代，研制出称为"鼬鼠" 1 的空降战车。其后，"鼬鼠"空降战车交马克公司生产。

　　1994 年，马克公司又研制出改进型的"鼬鼠" 2 战车，其后又研制出几种"鼬鼠" 2 的变型车，从而形成一种设备齐全、体系庞大的多车辆武器系统——"鼬鼠" 2 空降迫击炮作战系统。该系统由 6 种不同配置的"鼬鼠" 2 轻型装甲车组成，包括前观车、连级指挥车、火控车、排级指挥车、前沿控制车等，但其核心则是 120 毫米的迫击炮。

　　2005 年夏天，"鼬鼠" 2 自行迫击炮在美国亚利桑那州的沙漠中进行了炎热试验。2006 年 1—3 月，莱茵金属公司地面系统分部在瑞典对该车进行了寒冷试验。在两次试验中，该车展示了其在沙尘、高温、严寒等严酷气候条件下的作战能力。

基本参数

口径	120 毫米
总重	4100 千克
最大速度	70 千米 / 小时
最大射速	3 发 / 20 秒
最大射程	8 千米

■ 作战性能

　　"鼬鼠" 2 空降迫击炮主武器是一门 120 毫米迫击炮，火炮降至水平位置并由人工装填，然后迫击炮升回指定射击位置射击，再降到装填位置。装填是在完全"三防"下进行的，并且其打击过程基本是自动的。莱茵金属武器和弹药公司专为该炮研制了新型弹药，包括采用多功能引信的改进型高爆弹、新型照明弹、子母弹，这些炮弹未来将采用可编程引信；该炮还能发射 120 毫米灵巧弹药。

知识链接 >>

"鼬鼠" 2 空降迫击炮装备了先进的车辆电子系统，包括计算机系统、火炮控制系统、支援系统、安全传感器和导航系统，实现了自动控制、自动传输瞄准数据、自动调炮和安全检查等功能。

▲ "鼬鼠" 2 防空武器运载车

PzH 2000 自行榴弹炮（德国）

■ 简要介绍

PzH 2000 自行榴弹炮是 20 世纪 90 年代由德国克劳斯－玛菲·威格曼公司和莱茵金属公司为德国陆军设计制造的一种自行火炮系统。该火炮具有射程远、弹量大、射速高、机动性能好和防护能力强等特点，是当今世界上最先进的火炮之一。

■ 研制历程

德国一直走在自行火炮的前列，1990 年，采用成熟的"豹"1 主战坦克改型底盘，率先将 155 毫米 52 倍口径的榴弹炮实用化，再为其陆军战队设计研发出最新一代自行榴弹炮系统，即为 PzH 2000 自行榴弹炮。

PzH 2000 自行榴弹炮射程远、弹药储备量大，可以在目前各国装备的火炮的最大射程外开火，且又保证了自身的安全。同时该炮车优越的机动性，能同豹式主战坦克协同作战。

它最突出的一个特点是有很高的射速，在急速射模式下，能在 9 秒钟内发射 3 发炮弹，并通过自身的补弹系统快速补充弹药。

PzH 2000 配备有多种炮弹，安装有自动装弹机，可以在火炮任何仰角时给火炮填装弹药，并配有半自动援助的电子火炮控制系统，可使用电子仪表或手动控制直接瞄准。

基本参数

基本参数	
口径	155毫米
车身长	7.92米
车宽	3.58米
车高	3.06米
总重	55800千克
最大功率	2000马力
最大速度	60千米 / 小时
最大射程	40米

■ 实战表现

PzH 2000 自行榴弹炮第一次用于实战，是 2006 年 8 月装备于荷兰皇家陆军参加了在阿富汗坎大哈省的针对塔利班的代号为"美杜莎"的军事行动。

从这之后，PzH 2000 也时常被用于支援驻阿富汗联军在乌鲁兹甘省的作战行动。

▲ PzH 2000 自行榴弹炮开火瞬间

知识链接 >>

　　PzH 2000 自行榴弹炮得益于"豹"1 主战坦克的改型底盘，重型火炮也具有优异的机动性能，而且其防护设计也做得非常好，其炮塔装甲可以抵挡住炮弹破片与 14.5 毫米机枪的直接扫射，车身的两侧还设有波状侧裙。同时，该火炮率先采用 155 毫米 52 倍口径的榴弹炮，不仅完美符合了这一阶段德国陆军的作战要求，同时引领了世界火炮发展的新趋势。

M2 型 90 毫米高射炮（美国）

■ 简要介绍

　　M2 型 90 毫米高射炮是 20 世纪 30 年代末，美国为了替代 M1918 高射炮而设计的。在二战期间，它与德国的 88 毫米高射炮分别扮演着双方的重要角色；而之后由 SCR-584 雷达集合控制后，则成为美国在二战中最好的高射炮之一。

■ 研制历程

　　二战前，美国主要高射炮是 3 英寸（76.2 毫米）的 M1918。当二战的阴云越发浓重时，美国军队为寻求更加可胜任的武器，在 1938 年发布了发展要求。1940 年，设计方提出了 T2 90 毫米方案，被初定为 M1 型 90 毫米高炮。次年 5 月，又经局部修改，被称为 M1A1 90 毫米拖曳式高射炮。1943 年 5 月经作战改进后，变为 M2 型。

　　M2 型 90 毫米高射炮经过多次改进，增大了俯仰角度，具备了对抗坦克的能力，并装有一台电动拨弹机、保护炮手的盾和消防计算机。而弹药的最大改进，则是 1944 年使用了近炸引信。同时作为牵引式高射炮，该炮可以实施平射，能有效地对付坦克。

基本参数

口径	90毫米
总重	8618千克
射速	20发／分
最大射高	10.38千米
最大射程	17.82千米

■ 实战表现

　　M2 型 90 毫米高射炮在替代了 M1A1 后，在第二次世界大战期间，充当的角色类似于德国的 88 毫米高射炮，当由 SCR-584 雷达集合控制后，M2 更能够有效地冲击许多敌机。加之能够平射，对付德军坦克时取得了良好效果，成为美国在二战中最好的高射炮之一。另外，M2 也被成功地应用于其他用途。如被装上使用谢尔曼坦克底盘的 M-36 坦克歼击车，还被使用在了海岸防御中，用于反鱼雷艇。

▲ M2 在美国陆军军械博物馆

知识链接 >>

　　高射炮通常具有炮身长、初速大、射界大、射速快、射击精度高等特点，主要用于攻击飞机、直升机和飞行器等空中目标。现代战场上，虽然独立的步兵武器或高射火炮也能参与防空作战，但是由于观瞄系统不适合打击高速、远距离、不规则移动的目标，所以一般不采用单门防空系统反击空中目标，而是将高射火炮同其他技术装备配套，组成高射炮系统。

M3型37毫米反坦克炮（美国）

简要介绍

第二次世界大战时美军的反坦克炮有 75 毫米口径 M1A1 和 37 毫米口径 M3 两种，欧洲战场上的德军坦克大多甲坚炮利，故美军以威力较强的 M1A1 主打欧洲，而 M3 则留在东亚和太平洋战场打击装甲薄弱的日军坦克。M3 被分成基本型的 M3 和加上炮口制退器的 M3A1。

研制历程

现代火炮口径继承自前装球弹旧式火炮，在换算口径时，德制 2 磅和英制 1 磅火炮都是 37 毫米，也就是说当时火炮的最小口径就是 37 毫米。反坦克炮 / 战防炮是一种对付移动目标的直瞄火炮，要求轻便、灵活，便于迅速转移阵地，所以选择 37 毫米这个口径就是选择了当时最轻便的火炮。英国和德国作为当时世界上工业最发达的国家，对其他国家影响深刻，于是 37 毫米就流传开了。

基本参数	
口径	37毫米
总重	413千克
全长	3.92米
炮口初速	884米 / 秒
最大射程	6.9千米

作战性能

M3 和 M3A1 主要用在美军对日军的太平洋战争中，在太平洋小岛的争夺战当中作为火力支援和反坦克炮，由于日军的九五式轻战车和九七式中战车的装甲不厚，而且只用铆钉连接而非焊接，因此 M3 的火力足以把它们击毁。另外美军的 M3 / M5 斯图亚特轻型坦克的主炮也是由 M3 衍生出来的 M5 坦克炮。

知识链接 >>

M3 型反坦克炮也是美军空降师的主要装备，由滑翔机装载实施机降，通常用吉普车或小型卡车牵引。1942 年 3 月，M3 型改进为 M3A1 型，加装了炮口制退器，实战中大部分没有安装，但炮口上留有螺纹。

▲ M3 型 37 毫米反坦克炮

M116 HOWITZER

M116式75毫米榴弹炮（美国）

■ 简要介绍

  M116式75毫米榴弹炮是美国1927年以M1920式75毫米榴弹炮为基础改进研制的驮载式榴弹炮，主要用于为步兵山地作战提供直接火力支援。除装备美国外，还出口日本、伊拉克等20多个国家和地区。

■ 研制历程

  第一次世界大战过后，美军召集韦斯特维尔特公司为下一代近距离支援榴弹炮（步兵炮）进行开发。最终，研发团队不负众望，于1927年以M1920式75毫米榴弹炮为基础，研制出了新型的驮载式榴弹炮，1934年定型为M1A1。1962年，美军装备编号系统重编，将这种以M1A1的炮身和M8式箱型炮架相结合的火炮重命名为M116式75毫米驮载榴炮。

  M116式75毫米榴弹炮可以发射榴弹、破甲弹和发烟弹。除M66式破甲弹采用定装式外，M48式榴弹和M64式发烟弹均为半定装式炮弹。该炮重量较轻，而且既可分解成9大部分进行空投，也可分解成8大件由骡马驮运，特别适合于远距离机动和复杂地形条件下机动。其配件的标准化程度高，便于维护、维修。而且操作简便，行军状态和战斗状态转换快速。

基本参数

口径	75毫米
总重	653千克
身管长	1.195米
炮口初速	381米/秒
最大射程	8.79千米

■ 实战表现

  M116式75毫米榴弹炮作为美军常用的火力支援武器，是二战时期美军战士们眼中一件靠得住的武器。它有紧凑的外形和可靠的性能，无论在沙漠还是丛林，M116式75毫米榴弹炮都能有效地给予敌人炮火杀伤。1944年左右，它作为二战中日本军队九二式步兵炮的有力竞争对手，以其出色的山地作战表现，在太平洋战场的丛林岛屿战场上起到了相当大的作用。

知识链接 >>

依据火炮的装弹方法，其炮弹可分成定装弹和分装弹两种：定装弹指将弹丸和药筒合一，装填时，弹丸和药筒一起装填；分装弹在装填时先装填弹丸，再装填药筒。而榴弹则是利用弹丸爆炸后产生的碎片和冲击波来毁伤目标的弹种。

▲ M116 式 75 毫米榴弹炮开火瞬间

MK-7型3管舰炮（美国）

■ 简要介绍

MK-7型406毫米3管舰炮是美国20世纪30年代末40年代初研制的MK-2型的现代化改进型，1943年2月装备在依阿华级战列舰上，从此成为该级战列舰的主炮和蒙大拿级的设计选用主炮。

■ 研制历程

美国海军军备局在设计依阿华级战列舰时，原本计划使用装备在南达科他级战列舰的MK-2型406毫米50倍径舰炮，但是后来决定依阿华级战列舰要装配更轻、更紧致的全新三联装炮塔，MK-2舰炮过于庞大无法装进新式炮塔。在此情况下，美国海军军备局决定发展一款轻量型舰炮。这一项目于1938年开始，后定型为MK-7舰炮并投入生产。

MK-7式406毫米舰炮的最上层为炮塔及3根炮管，每根炮管可独立俯仰运动，进行高低瞄准；炮塔内装有光学瞄准镜和测距仪等观测仪器。MK-7还采用了当时最先进的冶金技术，成功地将身管的结构由MK-2的7层减少到3层，身管重量也减轻到1080千克；内身管为了减缓烧蚀采用了镀铬技术。该炮可发射MK8式穿甲弹、MK13和MK14式榴弹、MK19式人员杀伤弹。

基本参数	
口径	406毫米
总重	1735千克
炮管长	15.3米
炮口初速	820米/秒
最大射程	42千米
发射速度	2发/分

■ 实战表现

1943年2月，MK-7型406毫米3管舰炮开始装备于依阿华级战列舰上，之后陆续装备于各战列舰，用于打击岸上和海上目标。

MK-7 型 406 毫米 3 管舰炮

知识链接 >>

依阿华级战列舰是美国海军排水量最大的一级战列舰，共建造 4 艘，是世界上舰体最长、主机功率最大、航速最高、最晚退役（1992 年退役封存）的战列舰。由于依阿华级的继承舰蒙大拿级取消建造，使得这一级战列舰成为美国海军的最后一级战列舰。1945 年 9 月 2 日，日本无条件投降的签字仪式，在依阿华级三号舰"密苏里"号的主甲板上举行。

M101 HOWITZER

M101 式 105 毫米榴弹炮（美国）

■ 简要介绍

　　M101 式 105 毫米榴弹炮是美国岩岛兵工厂 1940 年开始生产的美国师属炮兵装备，也是美军数量最多的轻型榴弹炮。曾大量支援给各同盟国军队使用，以廉价、设计简便、火力适中的特性获得炮兵的肯定，其升级版直至今日仍在部分国家服役。

■ 研制历程

　　20 世纪 30 年代末，美国岩岛兵工厂开始受命研制美国师属炮兵重要装备，要求是重量不超过 10 吨。该项目最后测试通过，定名为 M101 式。

　　M101 式 105 毫米榴弹炮采用后膛水平闭锁系统和后坐缓冲系统，炮架为纵向分离双炮尾拖架，并装有瞄准装置，具有结构简单、坚固可靠和寿命长等特点。而且既可用卡车牵引，也可用直升机吊运。

　　其身管内部刻有缠度为 20 倍口径的 36 条膛线，以赋予弹丸旋转运动。配用的弹种包括榴弹、火箭增程弹、破甲弹、碎甲弹、箭藏弹、化学弹、照明弹和发烟弹等。弹药为半定装式弹药，即药筒与弹丸的结合是活动的。这种结构的优点是容易调整发射装药（破甲弹和碎甲弹配用的发射装药例外）。

基本参数	
口径	105毫米
总重	2260千克
炮管长	2.31米
炮口初速	472米/秒
最大射程	11.27千米

■ 实战表现

　　M101 榴弹炮于 1940 年开始量化生产，作为美军师级支援火力使用并装备给各战场的同盟国军队，因此战后成为许多国家的标准装备，战后美军进行装备编号重编时原本改为 M101 榴弹炮，随后修改部分炮架与炮盾设计成为 M101A1，并经历了朝鲜战争及越南战争，而其弹药亦成为其他 105 毫米榴弹炮的标准弹药。

知识链接 >>

1964 年，美国空降部队与海军陆战队开始换装与 M101 同口径轻量化炮架的 M102 榴弹炮，但因为价格因素最后没有完全替代 M101 榴弹炮。直到美军从英国引进 M119 榴弹炮后，才将 M101A1 自陆军退役，但是 AC-130 空中炮艇目前仍然使用此武装作为火力支援。

▲ M101 式 105 毫米榴弹炮开火瞬间

M114 式 155 毫米榴弹炮（美国）

■ 简要介绍

M114 式 155 毫米榴弹炮是美国岩岛兵工厂研制的口径 155 毫米的牵引式榴弹炮。1942年装备美国步兵师、空降师和海军师，并且出口欧洲、亚洲和非洲的 30 多个国家和地区，成为第二次世界大战时期和战后美军及北约国家主要火炮之一。

■ 基本情况

一战时期，美国远征军使用的是法国施耐德公司生产的 M1917 式 155 毫米榴弹炮，后于国内定型生产了 M1918 式 155 毫米榴弹炮。1941 年，又在此基础上加长炮管、改进后膛，定型为 M1 式 155 毫米榴弹炮。1942 年，又改进炮身和炮架定型 M1A1，其中一式称为 M114A1。

M114 式 155 毫米榴弹炮采用 M1A1 式炮架、M1 式或是 M1A1 式身管，无炮口制退器。配用榴弹、杀伤子母弹、发烟弹、照明弹，并可以发射化学弹等。其瞄准装置有 M12A7 周视镜，置于身管左侧的 M25 镜座上，用于间接瞄准视距外目标的射向。在夜间射击时可在周视镜上加装夜视灯，搭配标杆灯，提供瞄准手在夜间标定射向。由于重量较轻，该炮大架为单轴开架式，大架与牵引车连接，增强了其战场上的机动性能。

基本参数	
口径	155毫米
总重	5760千克
炮管长	3.627米
炮口初速	563.9米/秒
最大射程	14.6千米

■ 实战表现

20 世纪 40 年代至 70 年代，M114 式 155 毫米榴弹炮一直装备美军步兵师炮兵部队和集团军炮兵旅，每师 1 营炮 18 门，成为战后美军和北约国家主要火炮之一，直至被 M198 式 155 毫米榴弹炮取代后正式退役。

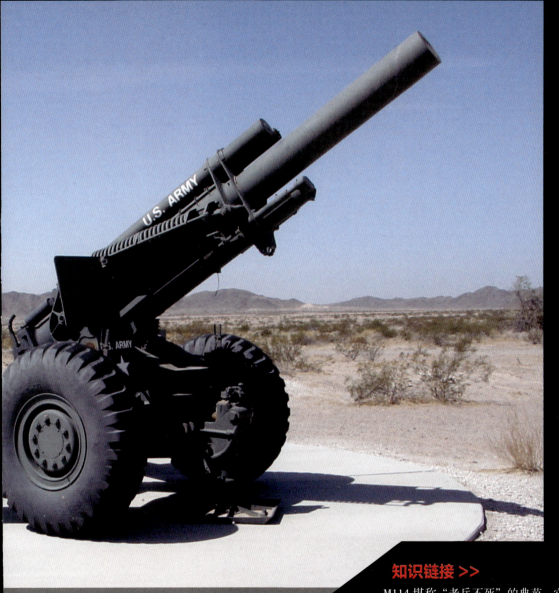

▲ M114 式 155 毫米榴弹炮

知识链接 >>

　　M114 堪称"老兵不死"的典范，它诞生于二战期间，先后参加朝鲜战争、越南战争、中东战争乃至海湾战争。美国将它卖给许多盟友，因坚固耐用受到了欢迎。随着军事技术进步，炮兵武器大幅更新，M114 已无法与长倍径身管、高度自动化的现代化榴弹炮相提并论。

　　但购买新炮对军费有限的国家和地区来说无疑是困难的，而不少公司通过性能升级方案，将"老态龙钟"的 M114 提高至接近现代榴弹炮的水平。

M115 HOWITZER

M115式203毫米榴弹炮（美国）

■ 简要介绍

美国于20世纪30年代研制列装，二战后命名为M115式203毫米榴弹炮。该炮射击精度好，弹丸杀伤威力大，配用弹种多，可执行多种任务，战场上威力巨大。

■ 研制历程

M115式203毫米榴弹炮为二战时期美军装备，为老式榴弹炮。美军二战期间在欧洲使用的一种大威力榴弹炮，该炮射击精度好，弹丸杀伤威力大，配用弹种多，可执行多种任务。

它的口径达到203毫米，可发射100千克的高爆榴弹、化学弹、烟幕弹、钢珠破片弹等，弹药基数为25发，最大射程可达到16.8千米，榴弹杀伤面积为72×18（平方米），使用8个卡车轮子承载，战斗重量为23.5吨，需要使用履带车来托运。部署相对简单，该炮到现在，被改装成了自行火炮，安装在坦克底盘上。

它的识别特征是：身管粗大、无炮口装置和抽气装置、反后坐筒后高前低、与炮身有一定角度、对称于左右安装，并采用双轴双轮机动。

基本参数	
口径	203毫米
总重	14515千克
炮管长	5.075米
炮口初速	587米/秒
最大射程	16.8千米

■ 实战装备

1942年拨交部队后，M115式203毫米榴弹炮首场战役运用在1943年11月的意大利战线，之后本型炮陆续投入欧洲与亚洲战场，但是受基础支援设备限制，该榴弹炮主要使用在欧洲战场。在1945年日本投降前，美军已组建了59个使用该榴弹炮的重炮兵营，其中有38个营在西欧与意大利、3个营在太平洋战场。到二战结束后，部分M115式203毫米榴弹炮开始军援美国盟友，并在朝鲜、克罗地亚等战争中持续运用。

知识链接 >>

　　作战时，M115 式 203 毫米榴弹炮装在车上的只有 2 发炮弹，其余的全部装在 M548 弹药运载车上。就像美军其他的通用火炮，M115 式榴弹炮也尝试过移到履带装甲车作为自行火炮使用。

▲ M115 式 203 毫米榴弹炮

M110 自行榴弹炮 （美国）

■ 简要介绍

M110 系列自行榴弹炮是美国 20 世纪 50 年代研制，60 年代初期定型的 203 毫米自行火炮。

■ 研制历程

M110 的开发时间是 1956 年，与 M107 自行火炮采用了共通底盘，原型车 T236 于 1958 年完成，1961 年正式以 M110 的编号投入量产，除了主炮以外，M110 与 M107 结构大致相同，155 毫米榴弹炮的射程已追上 203 毫米的范围。由于战术核弹的需求不复存在，而重装备需要更多资源进行运作，因此各国的 M110 已经开始退役，由新型 155 毫米自行火炮取代，而美国将这些退役的 M110 炮管改造为 GBU-28 碉堡克星炸弹。

1956 年正式开始研制，1961 年 3 月正式定型为 M110 式 203 毫米自行榴弹炮。该炮于 1963 年装备部队，M110A1 式于 1977 年 1 月列装，M110A2 式于 1980 年服役。

基本参数	
口径	203毫米
总重	28350千克
速度	54.7千米 / 小时
操作人数	车载：5人；火炮运作：13人
最大射程	24千米

■ 实战表现

M110 既可以发射普通炮弹，又可以发射核炮弹，堪称是核战争时代的"一支大棒"。不过，由于核炮弹的进一步小型化，155 毫米级的榴弹炮也可以发射核弹头，这使 M110 自行榴弹炮的重要性相对下降。选择"小车"（25 吨级）的理由，主要是考虑空运的要求。通用化的最主要措施是 M110 型 203 毫米自行榴弹炮和 M107 型 175 毫米自行加农炮采用专门设计的同一底盘。

知识链接 >>

M110A2 于 1978 年开始服役，由 M107 以及 M110A1 改装而成，改装数量总计 1023 辆。搭载安装炮口制退器的 M201A1 式榴弹炮，除了美国陆军以外，有 9 个海外使用国，后来地位被 MLRS 取代而逐渐退役。

▲ M110 自行榴弹炮

M40 155 毫米自行火炮 （美国）

■ 简要介绍

M40 155 毫米自行火炮是二战期间美国军方计划的新型自行火炮 T83 的成果，1945 年正式命名为 M40。

■ 研制历程

在 M40 155 毫米自行火炮研制进程中，由于 M1A1 型 155 毫米炮的炮管太长，使得火炮重心较为靠前，为此在炮身两侧有较大的两个筒状平衡器，这也是所有 M1A1 式 155 毫米加农炮的特征之一，在自行化后的 M40 自行火炮上，也能清楚地看到这两个筒状平衡器。

M40 的持续射速约为每分钟 1 发。而牵引式的前 4 分钟内，可连续发射 8 发炮弹，射速达到每分钟 2 发，此后的 10 分钟内，可发射 14 发。牵引式的"长汤姆"，每门炮至少需要 19 名炮手，而自行化的 M40 仅需 8 人，其中包含了 2 名驾驶员，这是因为自行化大大节省了人力的缘故。

基本参数	
口径	155毫米
总重	36300千克
操作人数	8人（车长、驾驶员、6名火炮操作员）
发动机	莱特R975 EC2引擎；340匹
作战范围	170千米

■ 实战表现

二战中，M40 在欧洲战场装备了第 991 野战重炮团，新火炮的到来，让其战斗力大大提升。在美国第一军 1945 年 2 月底攻击科隆的战斗中，M40 榴弹炮首次参加实战，它的高爆弹弹药在这座名城里炸开，一座座建筑和工事随即支离破碎，十几日后科隆城就被攻占。太平洋战场上，M40 也出现在最后的战斗中。在冲绳作战中，美军 M40 自行榴弹炮装备在第十军。

▲ M40 自行火炮开火瞬间

知识链接 >>

二战结束之后，M40 火炮就被封存起来。此后仅提供给以色列陆军使用。在 1973 年的第 4 次中东战争中，它与法制的 155 毫米自行加农炮共同作战。以色列在 M40 上加装了一挺 12.7 毫米 M2 式重机枪和一挺 7.62 毫米 M1919A4 机枪，以增强它的自卫能力。历史证明，M40 型 155 毫米榴弹炮还是有很大威力和使用价值的。

M44 HOWITZER

M44 自行榴弹炮（美国）

■ 简要介绍

M44 自行榴弹炮是美国于 1953 年研制定型的一种 155 毫米自行榴弹炮。榴弹炮由 M45 式身管、M80 式炮架、液压弹簧式驻退机等组成，装备周视瞄准镜、象限仪、无红外夜视设备和"三防"系统。可发射榴弹、照明弹、发烟弹和化学弹等多种常规炮弹。

■ 研制历程

1947 年，美军决定研制自行榴弹炮，为坦克部队和步兵部队的火力支援车辆。研制之初就决定采用正在研制中的新式轻型坦克 T37（定型后为 M41 轻型坦克）上的许多部件，研制的代号：装 105 毫米榴弹炮的称为 T98 自行榴弹炮；装 155 毫米榴弹炮的称为 T99 自行榴弹炮。

1950 年，底特律坦克厂分别制成了 2 辆 T98 和 2 辆 T99 的样车，并分别进行了一些初步的试验。M41 轻型坦克定型后，美军决定采用定型的 M41 轻型坦克上的部件研制自行火炮，代号改为 T99E1。后经改进的炮车称为 T194。1953 年，T194 正式定名为 M44A1 自行榴弹炮，发动机的燃料供给系配用了燃料喷射系统。

基本参数	
口径	155毫米
总重	26300千克
操作人数	5人（车长、炮长、驾驶员、2名装填手）
最大射程	14.6千米
最大速度	56千米/小时

■ 实战表现

朝鲜战争爆发，美军决定 T99E1 立即投产，很快就生产了 250 辆。T99 及 T99E1 采用全密封战斗室，并引入了弹道计算机、火炮稳定器等，这在 20 世纪 50 年代初期是很先进的。不过，由于仓促进行，炮车的故障相当多，不得不修改设计，取消了弹道计算机和火炮稳定器，由于战斗室的空间不够，战斗室也改为敞开式的。改进后的炮车称为 T194。

知识链接 >>

该炮装备装甲师、机械化步兵师炮兵团，是20世纪50—60年代美国及北约其他国家的主要装甲火炮。1956年改进为M-44A1。20世纪60年代后期，由于更先进的M109自行榴弹炮问世，该炮在美军中便逐步转为预备役的自行榴弹炮。使用国现尚有比利时、希腊、意大利、日本、约旦、西班牙、土耳其等。

▲ M44 自行榴弹炮侧视图

M198 HOWITZER

M198式155毫米榴弹炮（美国）

■ 简要介绍

M198式榴弹炮是美国于1976年研制定型的一种155毫米牵引榴弹炮。由于大量采用轻金属，全炮重量比同口径其他榴弹炮轻约1000千克，具有射程远、威力大、机动性好、重量轻、可空运的特点，是一种适于直升机吊运且具有较好战略机动性的火炮。

■ 研制历程

20世纪60年代末，美国陆军为了能与华约国部队的第二梯队作战，取代当时已沿用20多年的M114A1式155毫米榴弹炮，提出发展可用CH–47直升机吊运、具有战略机动性的新型155毫米榴弹炮，并要求其发射火箭增程弹的射程应能达到30千米。

1968年9月，新式榴弹炮开始研制，次年制造出一门发展型样炮XM198式。1970年4月进行样炮的系统鉴定，同年10月完成设计工作。1972年交付10门样炮，并进行可靠性试验。之后针对一些问题进行改进，1975年至1976年制造出4～9号改进型样炮，进行第二阶段研制与使用试验。1976年12月正式定型为M198式155毫米榴弹炮。从1979年开始，由数家公司分别生产部件，并由岩岛兵工厂负责总装。

基本参数	
口径	155毫米
总重	7076千克
最大射程	30千米
水平射界	左右各45°
高低射界	−5.5°至 +72°

■ 作战性能

M198式榴弹炮采用传统结构，由M199式炮身、M45式后坐装置、瞄准装置和M39式炮架组成。炮尾装有一个用3种颜色表示炮管受热情况的警报器，炮手可根据颜色情况调节发射速度，避免炮管过热。该炮可发射新式榴弹、火箭增程弹、杀伤子母弹、铜斑蛇激光制导炮弹、反步兵布雷弹、反坦克布雷弹以及发烟弹、芥子化学弹等，具有射程远、威力大、机动性好、重量轻、可空运的特点。

▲ M198 式 155 毫米榴弹炮开火瞬间

"巴祖卡" 60 毫米火箭筒 （美国）

■ 简要介绍

　　"巴祖卡"火箭筒是美国陆军火箭工程师 L.A. 纳金斯中校于 1942 年初研制的一种轻型反坦克武器，因其外形似类圆筒状巴祖卡乐器而得名，正式命名为 M1 火箭筒。

■ 研制历程

　　第二次世界大战爆发后，直到 1942 年时，美国步兵一直缺乏可以使用的、能阻止坦克前进的反坦克火箭。于是美国陆军上校斯克纳和中尉厄尔一起，把 M-10 式反坦克枪榴弹战斗部移置到火箭弹上，并把火箭筒口径扩大到 60 毫米，还安装了肩托、手柄和电池式发射装置，从而成为世界上第一支可用于实战的反坦克火箭筒。

　　1942 年春，在美国阿伯丁试验场，斯克纳和厄尔用其火箭筒向运动中的坦克靶车连续发射火箭弹，全部命中，引起了陆军少将巴尼斯的重视，当即决定小批量投入生产。后又经过几次改进设计，形成了 M1、M1A1 以及 M9 等型号，因形状像乐器巴祖卡，而得到这一俗名。

基本参数

口径	60 毫米
总重	6.5 千克
最大射程	0.46 千米
最大初速	81 米 / 秒

■ 作战性能

　　"巴祖卡"火箭筒结构简单、坚固可靠，由发射筒、肩托、挡焰罩、护套、挡弹器、握把、背带、瞄准具以及发射机构和保险装置等组成。背带的一端连接于握把底部，另一端直接拴在筒身后部。"巴祖卡"配用的破甲火箭弹由战斗部、机械触发引信、火箭发动机、电点火具、运输保险、后向折叠式尾翼等组成。使用带尾翼的破甲火箭弹，有效射程 100 米，能穿透约 130 毫米厚的钢板。为便于丛林作战，其改进型的发射筒分为拆装式和两截式

知识链接 >>

1943 年 5 月，同盟国军队在攻打西西里岛时，部队中装备了少量的 M1A1（发射 M6A1 改进型火箭弹）。在一次战斗中，"巴祖卡"击毁了德军 4 辆中型坦克和 1 辆"虎"式坦克。

在大田战役中，"巴祖卡"和同盟国军队飞机联合作战，一起击毁了 10 余辆敌军坦克。

▲ M1 火箭筒、M6A1 型和 M6A3 型火箭弹

M163 VADS

"火神"M163式自行高射炮 （美国）

■ 简要介绍

　　"火神"M163式自行高射炮（也译作"伏尔甘"自行高射炮）于1968年8月研制成功，并开始装备美军。"伏尔甘"是罗马神话中的"火与锻冶之神"，简称"火神"。20世纪80年代初期，美军共装备379辆M163式自行高射炮，以色列、韩国、摩洛哥、苏丹、突尼斯、也门、厄瓜多尔、泰国和菲律宾等也都有引进，在一些国家中至今仍在服现役。

■ 研制历程

　　美国为了取代原有的M55式12.7毫米联装高射机枪，于1963年便开始了"火神"M163式自行高射炮的研制工作，主要是采用M113装甲输送车改进的M741型履带式底盘，车体为铝合金装甲全焊接结构。

　　1968年，"火神"M163正式研制成功，并开始装备美军。

基本参数	
口径	20毫米
总重	12300千克
有效射程	1.62千米
最大射高	2.8千米
最大速度	65千米/小时
最大行程	483千米

■ 作战性能

　　M163式自行高射炮的主要武器为6管20毫米机关炮，对空射击时的最大有效射程为1620米，最大射速达3000发/分，火力密度大，可保证有较高的命中概率。其火控系统包括一部光学瞄准具和一部测距雷达，雷达可在5千米的距离内跟踪目标。从整体来看，M163结构简单、紧凑，重量较小，便于复杂地形条件下机动和作战运用。但是它也有自己的不足之处，那就是其射高较低。

M163 式自行高射炮由火炮、火控系统、底盘、雷达、M61 式瞄准具、夜视瞄准镜、M741 式履带式装甲车等组成。主要特点：1. 采用了无弹链鼓式弹仓结构，提高了供弹速度、射速和装弹量，减少了自动机结构，降低了故障；2.M61瞄准具功能齐全，可在各种不同的条件下作战；3. 射高较低。

▲ "火神" M163 式自行高射炮正视图

M270 式 227 毫米多管火箭炮（美国）

■ 简要介绍

　　M270 式 227 毫米多管火箭炮是美国沃特飞机工业公司于 1977 年开始研制的世界先进的火箭炮，于 20 世纪 80 年代装备美国陆军，主要用于压制和歼灭敌人的有生力量、技术兵器、集群坦克和装甲车辆等。

■ 研制历程

　　20 世纪 70 年代，美国为加强军师两级炮兵火力，填补身管炮和战术导弹之间的火力空白，于 1976 年开始研制和发展多管火箭炮。1979 年年底，M270 式 227 毫米多管火箭炮正式命名并进行首次试验射击。1980 年 4 月，美国陆军与沃特公司签订了生产合同。

　　M270 式 227 毫米多管火箭炮采用的发射车为 M993 式高机动、轻型装甲履带车。每辆发射车均有接收射击任务、确定自身位置、计算射击诸元和瞄准目标的能力。一次装填可发射 12 枚火箭弹或两枚陆军战术导弹。

　　该火箭炮发射双用途子母弹，内装 644 枚反装甲子弹药，可击穿 100 毫米装甲，一枚火箭弹可杀伤直径 200 米内的任何目标。

　　M270 式 227 毫米火箭炮系统可全天候作战，可伴随机械化部队作战，在任何条件下，均可快速形成战斗力；还可以空运投送，有较强的远距离机动能力。

基本参数	
口径	227毫米
总重	25200千克
最大射程	40千米
最大速度	64千米 / 小时
最大行程	500千米

■ 实战表现

　　M270 式 227 毫米多管火箭炮 1983 年投产并开始装备美国陆军，并于 1991 年 1 月在海湾战争中首次投入战场使用，美军大量使用该炮攻击伊拉克的炮兵阵地、坦克集群和各种防御工事，共发射 9600 余发双用途子母弹，给伊拉克军队造成了重大损失和巨大心理压力。

▲ M270 式 227 毫米多管火箭炮发射瞬间

M270 式 227 毫米多管火箭炮每个发射箱都含有六个火箭弹发射管或一个导弹仓，火箭炮发射管口径 227 毫米，管数 12，战斗射速 12 发 /50 秒。其最大射程为子母弹 32 千米，布雷弹 40 千米，末制导反坦克子母弹 45 千米。其行军战斗转换时间 5 分钟，战斗行军转换时间 2 分钟，再装时间 5 分钟，时速 64 千米，最大行程 500 千米。该系统还装备有集体"三防"系统，能够有效防范核、生、化武器的打击。

M224 MORTAR

M224式60毫米迫击炮（美国）

简要介绍

M224式60毫米迫击炮是美国20世纪70年代开始研制、1977年定型的一种前装式滑膛迫击炮。该型迫击炮炮身由高强度合金钢整体铸造，2人便可携带和操作，并配备激光测距仪和炮射计算器，主要用于为地面部队提供近距离的炮火支援。

研制历程

1971年，美国陆军开始研制新型的前装式滑膛迫击炮。1972年4月完成工程试验，1977年7月定型，并正式命名为M224式60毫米迫击炮。1978年，M224开始批量生产，1979年陆续装备于美国陆军。

M224式60毫米迫击炮具有结构简单、性能可靠的特点，重量极轻，士兵也可以轻松携带。由于迫击炮具有弹道特别弯曲的特点，非常适合山地作战；该炮还可以拆解为两部分，更是方便了山地作战时携带。

该迫击炮系统可以在支座或单手持握两种状态下使用，握把上还附有扳机，当发射角度太小，依靠炮弹自身重量无法触发引信时就可以通过手握的方式来发射，只需要扣动握把上的扳机即可击发。而且M224还自带照明装置，可以在夜间执行战斗任务。

基本参数	
口径	60毫米
总重	21.1千克
最大射程	3.49千米
炮口初速	237.7米/秒
最大射速	30发/分

实战表现

M224迫击炮服役美军后，曾在阿富汗、伊拉克战争中发挥重要作用。对于身处阿富汗前线的普通士兵来说，最受欢迎的不是A-10或者"阿帕奇"等高端武器，而是小巧又有威力的M224式60毫米迫击炮。因为塔利班武装分子虽然装备十分简陋，但突袭却往往来得快去得也快，高科技的火力支援反应往往不如伴随步兵的迫击炮更值得依赖。

知识链接 >>

M224 迫击炮诞生后，逐步取代了 M-29A1 式迫击炮，广泛装备于步兵连、空中机动连、空降连的迫击炮分排。尤其是其中一种手提型，矩形座钣，无支架，单兵便可携带操作。即使在高科技武器盛行的现代战场，M224 仍作为战斗的主力武器，在战场上频频现身。

▲ M224 迫击炮

MK38"海蛇"25毫米舰炮（美国）

■ 简要介绍

MK38"海蛇"25毫米舰炮是20世纪70年代末美国开始研制的一种遥控式小口径舰炮系统，主要在美国海军作战舰艇上承担自卫武器的重要作用。MK38可分为MK38 Mod1、MK38 Mod2两种型号，后者的有效射程超过2000米，具有较强的自动化功能，能够对付多种水面目标。

■ 研制历程

20世纪60年代，美国海军小口径舰炮只有"厄利孔"20毫米舰炮，在反应速度、打击威力等方面已经不适应未来的需求。70年代末，美国海军开始了新一代小口径舰炮系统的研制工作，被命名为MK38型25毫米舰炮系统。

1980年8月，MK38舰炮首次试射获得成功。1982年年末，设计并建造为其专门配制的炮座，绰号为"海蛇"。1984年开始舰上样机试验。为进一步提高MK38型"海蛇"的作战能力，美国海军于20世纪90年代初开始对其进行升级和改进，主要改进包括换装稳定型炮座、增加自动遥控工作模式、加装炮载光电火控系统等。

基本参数	
口径	25毫米
总重	850千克
最大射程	2.5千米
最大初速	980米/秒
射速	175发/分

■ 作战性能

MK38"海蛇"25毫米舰炮具有结构简单、尺寸紧凑、重量轻、射击精度高（尤其是首发命中率高）、工作可靠、动作平稳、无剧烈撞击、易实现射速控制等特点。其配用高爆榴弹，工作寿命1.3万发。改进后的MK38 Mod2装备了炮载光电火控系统，由前视红外传感器、微米激光测距仪和电源等组成，可相对于火炮独立转动，捕获目标后可投入自动跟踪，支持全自动和手动两种作战方式。

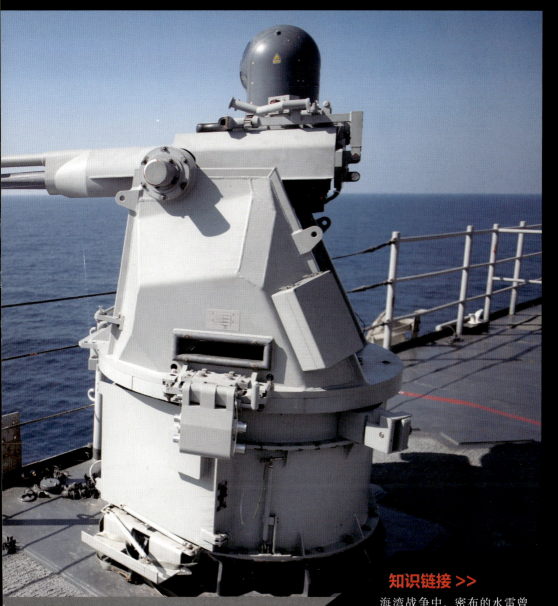

▲ MK38 舰炮可以全自动或手动来操作

知识链接 >>

海湾战争中，密布的水雷曾经给联军造成极大的行动困难。然而近程防御系统却在巡逻艇和小型舰上只发挥了十分有限的"点射"作用。

2008年，在打击索马里海盗的过程中，美军的直升机与装备了MK38 Mod2的近程防御系统发挥了关键性的作用，反舰导弹与76毫米主炮反而没有起到任何作用。

M109A6"帕拉丁"155毫米榴弹炮（美国）

简要介绍

M109A6"帕拉丁"155毫米榴弹炮是美军20世纪90年代在M109系列自行榴弹炮基础上改进而来的，是用于现代数字化战场的第一种武器系统。该火炮数字化程度高，火控系统/电子设备比较先进，比之前的M109系列榴弹炮在反应能力、生存能力、杀伤力和可靠性方面都有所提高。1992年4月装备部队，是美军近年来重型师的主要火力支援武器。

研制历程

M109型自行榴弹炮是世界上装备数量和国家最多、服役期最长的大口径自行榴弹炮之一。第一辆样车于1959年制成，1963年7月正式开始装备美军的装甲师、机械化步兵师和海军陆战队。

20世纪80年代初，美国陆军开始对服役多年的M109自行榴弹炮进行两项全面的现代化改进计划："榴弹炮延寿计划"（HELP）和"榴弹炮改进计划"（HIP）。其中HIP计划从1985年开始实施，1990年2月研制出M109最新改型，被正式定型为M109A6"帕拉丁"自行榴弹炮，1991年9月开始投入小批量生产。

基本参数

基本参数	
口径	155毫米
总重	28737千克
最大射程	30千米
最大速度	55千米/小时
最大行程	283千米

实战表现

M109A6型自行榴弹炮的主要改进，是采用了现代化的火控系统，包括显示/控制装置、定位/导航系统、弹道计算机/火炮伺服驱动系统、自动瞄准仪等，可自动进行火炮定位和诸元装定，在行进中可以不超过60秒的时间独立而精确地发射第一个弹群，静止时间只需30秒，可以机动—射击—机动的方式遂行火力打击任务，生存率提高96%。

知识链接 >>

美军对M109A6进行现代化升级，升级的新一代火炮系统称为Mi09A7PIM，升级项目包括车身、炮塔、发动机和悬挂系统，以提高M109A6火炮系统的可靠性、生存性等性能。升级后的系统能够在各种气象条件下提供火力支援。

▲ M109A6 开火瞬间

ADVANCED GUN SYSTEM
先进舰炮系统（美国）

■ 简要介绍

    先进舰载火炮系统是美国最新研制的、世界上最大口径舰炮，其主要用途是向两栖作战和陆上联合作战部队提供高密度的海上持续支援火力。目前各国均只保留了具备防空、反舰能力的中小口径舰炮，而只有美国最新的 DDG1000 驱逐舰采用了 2 门 155 毫米舰炮。

■ 研制历程

    美军自二战结束后，一直缺乏一种大口径的对陆攻击武器，长期以"战斧"巡航导弹代替，美军希望寻求一种能够从海上攻击且更为经济的打击方式。因此美国海军早就提出了 62 倍口径的 155 毫米先进舰炮系统的发展计划，拟将其作为主炮装备于即将服役的 DDG1000 级对地攻击驱逐舰上。

    作为先进舰炮系统的总承包商，早在 20 世纪 90 年代末，美国联合防御公司（美国海军现役 MK-45 型 127 毫米舰炮的开发商）就已开始先期概念原理研究，并于 2000 年 12 月正式开始样机研制。2001 年 11 月，155 毫米的先进火炮身管率先在明尼苏达州火炮试验场验收成功。2002 年 8 月，美国国防部与联合防御公司签订合同。首台 155 毫米火炮样机已于 2004 年完成。2005 年 8 月进行了射速演示试验，2007 年 7 月 2 日开始生产。

▲ 美国 DDG1000 驱逐舰采用了 2 门 155 毫米舰炮

基本参数

口径	155 毫米
战斗全重	290000千克
射速	12 发 / 分
最大初速	700 米 / 秒
最大射程	185千米

■ 作战性能

    155 毫米舰炮的身管设计长度为 62 倍口径，药室容积 29.5 升，射速可达 12 发 / 分（单管）。采用隐身炮塔，备有两个自动化弹舱（每舱储弹 750 发）。可发射一系列弹药，射程超远。其炮弹储存于甲板下的弹药库中，发射时由自动装弹系统送至炮塔，模块式供弹系统和自动化弹库非常独特，从而使整个供弹过程实现全自动，可无人操纵。

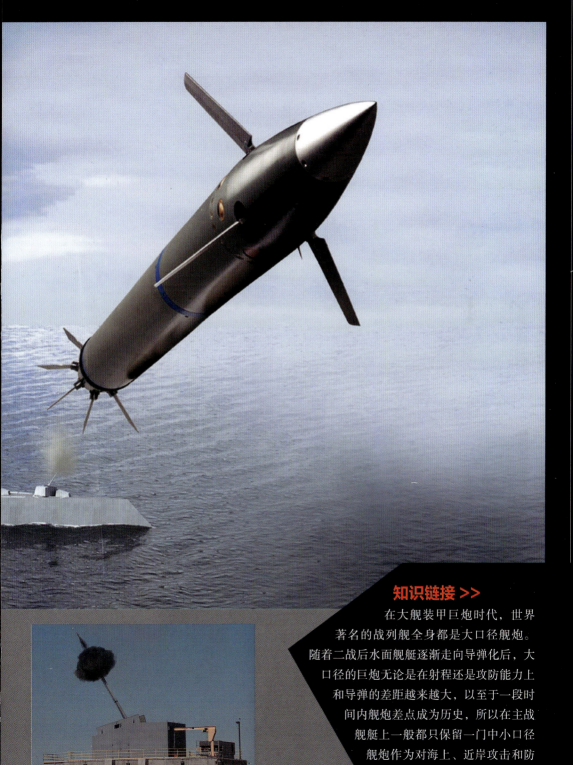

▲ 测试中的先进舰炮系统

在大舰装甲巨炮时代，世界著名的战列舰全身都是大口径舰炮。随着二战后水面舰艇逐渐走向导弹化后，大口径的巨炮无论是在射程还是攻防能力上和导弹的差距越来越大，以至于一段时间内舰炮差点成为历史，所以在主战舰艇上一般都只保留一门中小口径舰炮作为对海上、近岸攻击和防空使用。

M72 火箭筒（美国）

■ 简要介绍

M72 火箭筒是一次性火箭筒的典型代表，由美国赫西东方公司于 1958 年开始研制，1962 年批量生产。1971 年停产，被其改进型 M72A1 和 M72A2 所取代，随后又发展出近 10 个衍生型。M72 系列火箭筒被多个北约组织成员国广泛采用，还被多个国家仿制和生产。

■ 研制历程

1958 年，美国赫西东方公司开始研制一种新型的 66 毫米一次性火箭筒，1960 年定型后命名为 M72。通过越南战争的实战后，由于早期的型号不太准确，于 1968 年在 M72 的基础上经过改进瞄准具和火箭发动机后，研制出 M72 反坦克火箭筒，最初的 M72 在 1971 年停产，被其改进型所取代。

M72 型 60 毫米火箭筒最大的特点是采用了一种创新的概念：预封装的可以发射的火箭和使用后即弃的发射器。其体积小、重量轻，携带和使用方便；它又非占编列装，大大提高了单兵攻击点目标能力。而且 M72 成本低，便于大量装备美军。只是这种火箭筒发射特征非常明显，不利于射手隐蔽。

随后，M72 又发展出近 10 个衍生型，主要有 M72A1 式、M72A2 式和 M72A3 式 66 毫米火箭筒。

基本参数	
口径	66 毫米
战斗全重	3.5 千克
全长	0.98 米
最大初速	78 米/秒
最大射程	1 千米

■ 实战表现

M72 系列火箭筒长期服役于美军，在越南战争和中东战争中得到了广泛应用。充分展现出重量轻、体积小、列编方式灵活的特点，必要时，单兵可携带 2 具，可大大提高步兵分队攻坚能力，因此是小型火箭筒非占编列装的主要代表之一。M72A3 式曾于 1983 年参加美国轻型反坦克武器选型试验，成为瑞典 AT-4 火箭筒的有力竞争对手。

▲ M72 火箭筒发射瞬间

M65 型原子炮（美国）

■ 简要介绍

M65 型原子炮（绰号"原子安妮"）正式名称为 280 毫米 A 型炮，是美国 20 世纪 50 年代研制的一种专用于发射核炮弹的牵引式加农炮，有"冷战魔炮"之称。其核炮弹爆炸威力相当于美国投到广岛的原子弹的四分之一。

■ 研制历程

20 世纪 50 年代初，美国开始研制世界上第一种专用于发射核炮弹的牵引式加农炮。1953 年 5 月，在内华达州原子武器试验场进行了第一发原子炮弹射击试验。同年 10 月定名为 M65 式 280 毫米 A 型炮投入生产，绰号"原子安妮"。

M65 型原子炮是以舰炮为基础改制而成，其机构与重型加农炮相似。在运输时，需要装在带有轮式转向架的底座上。由于 M65 型原子炮的身管长，其后坐力巨大，因此必须预设阵地。拖车采用前后各一式的双牵引车型，不需要转向即可前进后退；拖车上装有液压千斤顶，可将炮从拖车上卸下。操控采用液压式控制，利用装弹机装弹。

M65 的缺点是系统庞大，转换时间很长；作为战术核武器也过于笨重，不便于机动和隐藏，易遭敌远程火力袭击。

基本参数	
口径	280毫米
总重	272千克
全长	30米
最大射程	28.7千米

■ 服役情况

1953 年 5 月 25 日，美国陆军对 M65 型原子炮进行第一次射击试验，一枚核弹在 32 千米外爆炸，巨大的蘑菇云腾空而起。同年 7 月 27 日，美国将 M65 型原子炮运抵韩国，并和韩国军队在军事分界线附近举行核突击军事演习。同年 10 月，首批 M65 型原子炮装备驻联邦德国美军炮兵部队。1963 年，M65 型由于自身的缺陷，被"诚实约翰"战术导弹所取代。

知识链接 >>

1963 年，美军把几门 M65 型原子炮拉回国内封存起来，但这不表示美军放弃原子炮。真正原因是美军研发出了爆炸当量可以控制、辐射强度却得到加强的 W79 中子弹；同时美军的核炮弹小型化也取得了突破，变得像常规炮弹那么大了，其现役的自行或牵引式 155 毫米榴弹炮都能发射。

▲ M65 型原子炮发射的核弹爆炸后引起的蘑菇云

M-30

M-30 式 122 毫米榴弹炮（苏联）

■ 简要介绍

M-30 式 122 毫米榴弹炮也称 1938 式 122 毫米榴弹炮，由苏联工程师 F.F. 皮特洛夫设计，1938 年在彼尔姆完工，从苏芬战争前到卫国战争被大量生产，一直持续至 1955 年。它是苏联二战火炮的杰作之一，也是二战中苏军中师压制火炮的主力。

■ 研制历程

20 世纪 30 年代，苏联红军高层打算研制一种新型师属榴弹炮用以代替帝俄时代的 M1909 和 M1910 式 122 毫米榴弹炮。1938 年，苏联工程师 F.F. 皮特洛夫所领导的团队，在彼尔姆完成了新式榴弹炮的研制工作，定名为 M-30 式。

M-30 榴弹炮在设计之初就考虑到了 M1909、M1910 等老式榴弹炮的通用弹药，因此绝大多数老式 122 毫米榴弹炮弹都可以使用。该炮使用的主要弹种是杀伤爆破榴弹，除此之外还有燃烧弹、发烟弹、宣传弹、照明弹等特种弹。

另外，在二战中由于苏军面对德军坦克部队巨大的压力，痛定思痛，在战争后期苏军要求所有野战火炮都有反坦克作战的能力。M-30 榴弹炮的身管较短，不适合发射初速较高的穿甲弹，因此苏军专门生产了一种 122 毫米空心装药反坦克弹供 M-30 榴弹炮使用。

基本参数

口径	121.92 毫米
总重	2450 千克
全长	5.9 米
炮管长度	2.8 米
最大射程	11.8 千米

■ 实战表现

M-30 式 122 毫米榴弹炮是苏联大量装备的第一种现代化榴弹炮，它极大地提高了炮兵的现代化水平，开始告别一战时期遗留下来的旧式火炮。二战中，M-30 榴弹炮作为苏军中榴弹炮的主力，担负了许多作战任务，表现非常优秀，战争结束以后，M-30 榴弹炮还在苏军中服役了较长一段时间，直到更为先进的 D-30 122 毫米榴弹炮出现，它才从苏军序列中正式退役，足见其生命力的顽强。

知识链接 >>

20世纪30年代中期，苏联中央炮兵局曾考虑过一种105毫米口径的榴弹炮，这种口径的炮弹质量较轻，有利于提高发射速率，火炮的质量也能减轻。但是其威力要比122毫米榴弹炮小，而且一旦采用105毫米弹药，已有的122毫米炮弹生产线和库存的大量122毫米弹药就只能报废了。因此，最终的设计方向重新回到了122毫米。

▲ M-30式122毫米榴弹炮后视图

F-22 式师属加农炮（苏联）

■ 简要介绍

F-22 式 76.2 毫米师属加农炮是苏联于 1934 年开始研发、1936 年定型的二战期间苏联陆军的重型火炮之一，也是 GVMU 设计局第一次完整地开发火炮。原本这种火炮可能会有非常广泛的用途，因此一度有"万能火炮"之美称。

■ 研制历程

1926 年 4 月 22 日，苏维埃炮兵委员会召开了一个特别会议，商讨装备团属火炮的问题。委员会意识到原有的老式 1902 年式 76.2 毫米炮重量过重，不适合炮兵班成员或者配备的马匹机动，很难符合团级作战的需要，决定在 1913 年式 76 毫米炮的基础上改进出新的火炮。

1934 年，GVMU 设计局开发了一个新的 76.2 毫米炮的项目。1935 年年初，第一批 3 门样炮造了出来，最终通过了测试，在 1936 年 5 月 11 日的 OK110/SS 号命令里，F-22 被定型为"1936 年型 76.2 毫米师属加农炮"。

基本参数	
口径	76.2 毫米
总重	1620 千克
射速	12 发~15 发 / 分
最大初速	990 米 / 秒
最大射程	13.6 千米

■ 实战部署

F-22 具有出色的弹道特性，能发射旧式沿自 1900 年生产的各类 76.2 毫米弹药。它使用分叉式炮架，能发射 7.1 千克重的弹药至 14 千米外的目标。实验型炮管前端原本装有一个炮口制退器，但是当该炮进行量产时，此装置却被取消。但 F-22 也有一系列的缺点：瞄准机构分成各自独立的水平和垂直部分；必须有两名炮手配合才能转动火炮，这使射速受到影响，也不利于射击快速移动的目标。

F-22 一开始通过试验后，它更像个通用的"万能火炮"，比如它可以当作高射炮，但却没有高射炮需要的视野。于是，从 1936 年开始，F-22 便只作为师属火炮使用。并且规定产量为 1936 年年底前 500 门，1937 年年底前 2500 门。

▲ F-22 式 1936 年型 76.2 毫米师属加农炮

ZIS-2 式反坦克炮（苏联）

■ 简要介绍

ZIS-2 式 57 毫米反坦克炮是苏联在二战期间针对德国坦克而研发的，从 1940 年开始设计，之后该系列包括 M1941 式至 M1943 式等，全部使用的是 57 毫米火炮。由于种种原因，该火炮最后停产，但曾试验将其安装在 T-34 坦克上，被命名为 T-34-57。

■ 研制历程

二战前，德国已经开始发展重型坦克，这些坦克将是苏联现有反坦克炮无法对付的。因此，苏联军方在 1940 年要求设计师尽快开发一种能够击穿厚重装甲的火炮。这项任务分配给了著名的格拉宾设计局。于是，炮兵部门的最高领导库立克元帅及其下属即从 1940 年 5 月展开设计，开发出一种全新的 57 毫米大威力反坦克炮，成品于 1941 年被采纳，定名为 ZIS-2。同年 1 月开始投产，但在 12 月，炮兵元帅沃罗诺夫和戈沃罗夫将军终止了对该炮的生产。1943 年，由于战场需要，该项目重启，以 M1943 式定名。

基本参数

口径	57毫米
总重	1250千克
全长	7.03米
炮口初速	1000米 / 秒
最大射程	8.4千米

■ 实战部署

在 ZIS-2 停产一年后，东线战场上出现了越来越多的德军"虎"式和"豹"式坦克，给苏军造成了很大的威胁，原有的反坦克炮无法有效地对付它们。1943 年 6 月 15 日，苏联军方正式命令恢复 ZIS-2 反坦克炮的量产，型号改为 1943 年型 57 毫米反坦克炮。短短几周后，苏联红军就接收到第一批 ZIS-2 反坦克炮。

▲ ZIS-2 式 57 毫米反坦克炮

知识链接 >>

关于军方命令 ZIS-2 暂停量产，有两种不同的看法：其一，1941 年时，德军装备的坦克装甲防护不强，用 45 毫米反坦克炮就足以将其击穿，没必要装备 57 毫米高速反坦克炮；其二，ZIS-2 反坦克炮作为一种团属火炮，其生产成本要比 ZIS-3 师属火炮贵 10 到 12 倍（主要是其长达 4 米的身管造成的），在当时的技术条件下，想要制造这样的炮管，工艺复杂、造价不菲。

B-4

B-4 型 M1931 式榴弹炮（苏联）

■ 简要介绍

苏联 B-4 榴弹炮由棱德岩尔、马格达斯夫和加夫里利夫等人设计，由位于列宁格勒的波尔舍维克兵工厂制造，该炮虽然笨重无比，但二战期间，在对付混凝土加固的重型碉堡中，发挥了至关重要的作用。

■ 研制历程

1926 年 5 月 17 日，苏联国防人民委员会和炮兵总局批准了现役火炮改造计划，会议还决定研制口径为 203 毫米的攻坚火炮。来自彼尔姆兵工厂的弗·费·伦杰尔工程师负责整个项目进度，并负责研制火炮身管及炮瞄器材，炮架则由布尔什维克工厂提供，整个计划应于 1927 年 5 月全部完成。

项目开始后，彼尔姆兵工厂和布尔什维克工厂拿出了 4 种火炮方案，最终尼·伊·马格达斯夫和阿·格·加夫里利夫联合提交的"15172 工程"方案获得批准，该方案采用轻型坦克的行走装置。最终，火炮设计图纸于 1928 年 1 月末全部完成，并于 1930 年 11 月生产组装完毕。该炮定型为苏联 B-4 型 M1931 式 203 毫米榴弹炮，并于 1931 年 6 月开始装备部队。

基本参数

基本参数	
口径	203毫米
总重	17700千克
操作人数	15人
炮口初速	607米／秒
最大射程	18千米

■ 服役使用

1943 年，苏联红军转入战略大反攻，B-4 的威力终于得到全面发挥。在哈尔科夫、齐尔塞、柯尼斯堡、坦泽和波森等大城市攻坚战役中，B-4 榴弹炮摧毁了无数坚固的钢筋混凝土工事，特别是在 1944 年 6 月 10 日的列宁格勒战线中，2 个 B-4 榴弹炮连，摧毁了用钢筋混凝土加固的地下碉堡，其中 1 发炮弹打穿地下三层楼板后才爆炸。

知识链接 >>

二战结束后，苏联仍将B-4榴弹炮的生产线维持了4年之久，直到1949年新一代300毫米口径2B1自行迫榴炮问世。苏联总共生产了1211门B-4系列榴弹炮，直到今天，它仍是圣彼得堡中央炮兵博物馆里的"伟大杰作"。

▲ 前线上的 B-4 型 M1931 式 203 毫米榴弹炮

BM-13

BM-13型"喀秋莎"多管火箭炮（苏联）

■ 简要介绍

BM-13型多管火箭炮俗称"喀秋莎"，是苏联于1933年研制成功的第一种在第二次世界大战大规模生产、投入使用的自行火箭炮。1939年正式装备苏军，1941年8月在斯摩棱斯克的奥尔沙地区首次实战应用。相较于其他的火炮，这种多轨火箭炮能迅速地将大量的炸药倾泻于目标地，在战场上发挥了巨大的震慑作用。

■ 研制历程

苏联很早就在航天火箭方面投入了很大的精力。1933年，研制成功了可以大规模生产的实用型自行火箭炮。1938年10月，火箭炮车载实验正式开始。1939年3月，沃罗涅日的"共产国际"工厂8导轨的BM-13-16试制成功。1940年，BM-13已经试生产了6门，1941年军方又订购了40门，同年6月，又增加17门的订货。

当时为了保密，未公开火箭炮的正式名称，只将该炮生产工厂俄文名称的第一个字母"K"刻印在发射架上，炮兵部队便用苏联少女常用的名字"喀秋莎"作为该炮的代名。

基本参数

口径	132毫米
滑轨长	5米
弹长	1.45米
初速	70米/秒
最大射程	8.8千米

■ 实战表现

BM-13型多管火箭炮共有8条发射滑轨，一次齐射可发射口径为132毫米的火箭弹16发，既可单射，也可部分连射，或者一次齐射，装填一次齐射的弹药约需5至10分钟，一次齐射仅需7至10秒。运载车时速90千米。该炮射击火力凶猛，杀伤范围大，是一种大面积消灭敌人密集部队、压制敌方火力配置和摧毁敌防御工事的有效武器。

士兵们正在为"喀秋莎"装填火箭炮弹

知识链接 >>

1941年7月，苏联军队在斯摩棱斯克的奥尔沙地区，展开了抗击德国侵略者的斗争。8月，苏军的一个火箭炮兵连的BM-13"喀秋莎"火箭炮一次齐射，仅仅用了十几秒钟，就将大批的火箭弹像冰雹一样倾泻到敌人阵地上，其声似雷鸣虎啸，其势如排山倒海，火焰熊熊，浓烟滚滚，打得敌人晕头转向，狂呼乱叫，嚷着："鬼炮！鬼炮！"四处夺路逃跑。

2S19式152毫米自行榴弹炮

（苏联 / 俄罗斯）

■ 简要介绍

2S19式（俄文为2C19，也称姆斯塔–C型，北约称M1990式）152毫米自行榴弹炮是苏联解体之前，由伏尔加格勒街垒设计局刚刚完成研制的一型履带式自行火炮，是用来取代2C3式152毫米自行榴弹炮的后继型。该型自行火炮采用了T–80坦克的底盘，并结合了2A65牵引榴弹炮改进而来，最大特点是射速高、机动性好、携弹量大。

■ 研制历程

20世纪70年代中期，苏联与北约国家同时认识到，必须统一陆军师和集团军一级火炮的口径。苏联军界决定将122毫米、130毫米、152毫米、180毫米和203毫米火炮，统一更换为使用分装式弹药的152毫米牵引式和自行式火炮。

在伏尔加格勒街垒设计局（今泰坦中央设计局）总设计师谢尔盖耶夫的领导下，2S19自行榴弹炮的研制工作于1976年启动，以姆斯塔河命名"姆斯塔S"。

1983年12月底，第一辆自行火炮试验样车研制成功，次年进行了靶场试验，又经过不断改进、排除故障后，于1987年正式投产。

基本参数	
口径	152毫米
战斗全重	42000千克
最大射速	8发 / 分
炮口初速	870米 / 秒
最大射程	24.7千米

■ 作战性能

2S19自行榴弹炮，可发射普通榴弹、反坦克子母弹、底排榴弹、通信干扰弹、"红土地"激光制导炮弹，携弹量50发。其炮塔左上侧有潜望镜，右前有小型炮长指挥塔，采用全自动装填装置，还装备有射击诸元显示器，并配有瞄准控制系统、修正计算机，可与射击指挥车通过电缆或无线电联系。该炮车体前部还配有轻型自动挖壕系统，可在15分钟～20分钟内挖好防护掩体。

知识链接 >>

　　1988 年 12 月，第 一 辆 新 型 2S19 自行榴弹炮完成组装，部队试验通过后，1989 年列装炮兵师和集团军炮兵旅的榴弹炮营。

▲ 2S19 自行榴弹炮开火瞬间

"联盟 -SV" 自行榴弹炮（俄罗斯）

■ 简要介绍

　　"联盟 -SV"自行榴弹炮全重 55 吨，最大公路行程 500 千米，主炮为一门 152 毫米 52 倍口径线膛炮榴弹炮，在 2015 年俄罗斯纪念卫国战争胜利 70 周年阅兵式上首次亮相。火炮采用全自动装填无人炮塔，同时采用遥控模式进行弹药装填，火炮能在任何方向和仰角范围内，以最大射速瞄准开火。

■ 研制历程

　　早期的"联盟 -SV"自行榴弹炮使用的是两个 152 毫米的榴弹炮管，也可以安装两个 155 毫米榴弹炮，还可以发射两枚精确制导炮弹，设计射速为每分钟 16 发，弹药使用上与北约标准弹药相兼容。为了在如此大口径的双管系统下使得"联盟 -SV"拥有前所未有的射速，"联盟 -SV"采用了由一门大炮一次多射的炮击模式。在此种模式下，一门大炮以极高的射速，接连射出的炮弹有不同运行轨道，但都同时抵达目标并击毁它。

基本参数

主武器	152 毫米榴弹炮
战斗全重	48000 千克 ~55000 千克
操作人数	2 人
副武器	1 挺 12.7 毫米重机枪
	2 组烟雾发射器

■ 作战性能

　　第一批总共 10 个新的火炮系统被部署到俄罗斯军队，"联盟 -SV"拥有可靠的射击系统，如果一个炮管射击失败，另一个炮管可以继续打击，实现互相交替使用两个炮管，可以有效降低持续发射所带来的热量，而且两个炮管使用寿命相对也会更长。

知识链接 >>

在世界军火市场上，美国和许多欧洲国家都拥有十分畅销的自行榴弹炮，俄罗斯在这方面就略显乏力。"联盟-SV"的出现，给俄罗斯的军火工业打了一剂强心针，俄罗斯必然会加大投入，努力用"联盟-SV"来开拓自行榴弹炮市场。

▲ "联盟-SV"自行榴弹炮侧后视图

9K57式"飓风"220毫米多管火箭炮

（苏联／俄罗斯）

■ 简要介绍

9K57式"飓风"220毫米多管火箭炮是苏联20世纪70年代初期研发的一种16管火箭炮，1977年开始装备苏联陆军的方面军和集团军两级。该炮可用于压制集群坦克及装甲车辆等目标，歼灭集结的有生力量。

■ 研制历程

20世纪70年代，苏联的多管火箭炮"喀秋莎"系列以及BM-21式122毫米40管火箭炮显得已经过时。因此苏联开始研发新型的火箭炮，要求最大射程超过3千米。1975年，新型的BM-22式火箭炮进入试验阶段，次年投入生产。1977年装备苏联陆军，因此北约称之为M1977式，正式名称为9K57。

9K57火箭炮有16个发射管，分三层排列，上层为4管，下面两层各6管。配用弹种有榴弹、化学弹和子母弹，一次齐射可布设368枚反坦克地雷；火箭弹重280千克，齐射时间20秒，因此得到"飓风"的绰号。

为了保证该火箭炮对弹药的需求，该炮采用"吉尔-135"卡车作为弹药运输装填车，每辆弹药车可携带16发火箭弹。装填时，该车停在火箭炮发射车的一侧，车尾与发射管对准，然后用吊车的伸缩起重臂将火箭弹逐一推进发射管。

基本参数

口径	220毫米
战斗全重	22750千克
最大速度	65千米／小时
最大行程	500千米
最大射程	40千米

■ 实战表现

9K57式"飓风"220毫米多管火箭炮系统1977年装备于苏联陆军的方面军和集团军两级。目前，在俄罗斯装备集团军属火箭炮团，每个团有3个火箭炮营，每个营有3个火箭炮连，每个连平时装备4门炮，战时则装备6门，全团共装备36门（平时）或54门（战时）。该火箭炮系统于1979年至1984年在阿富汗战场上使用，有效地压制了敌集结步兵，阻止装甲集群的冲击，并在必要的地段上布设地雷。

截至 2000 年 1 月，俄罗斯（包括苏联时期）共生产"飓风"火箭炮 1199 门，其中俄罗斯装备 836 门、乌克兰 139 门、叙利亚 5 门、白俄罗斯 84 门、乌兹别克斯坦 48 门、土库曼斯坦 54 门、哈萨克斯坦 15 门、阿富汗 4 门和摩尔多瓦 14 门。

▲ 9K57 式"飓风"220 毫米多管火箭炮

2K22 TUNGUSKA

"通古斯卡"自行防空系统 （苏联）

■ 简要介绍

　　"通古斯卡"自行防空系统是 20 世纪 60 年代末以苏联图拉仪器技术设计局为中心开始研制的新型自行防空系统，也是世界上第一种正式装备的弹炮一体化防空武器系统，其火力覆盖了整个中低空防空空域。1988 年开始在苏军服役，成为某些坦克团防空营的主要装备。

■ 研制历程

　　1964 年，以苏联图拉仪器技术设计局为中心，开始研制新型弹炮结合型自行防空系统"通古斯卡"。种种要求又使该系统过于笨重，军方严重怀疑该设计思想的可行性，因而多次降低研究预算，甚至一度停止了研制预算的拨付。

　　20 世纪 70 年代末期，美国研制列装了反坦克武装直升机，所载反坦克导弹射程 4 千米～5 千米，对苏军坦克和装甲车辆的威胁日益增大。这时，"通古斯卡"才重新被当成重点项目，由于之前已经完成大部分研制工作，所以在 1980 年 8 月至 1981 年 12 月进行了国家武器鉴定，1982 年 9 月终于定型生产。

基本参数

长度	7.9米
宽度	3.25米
高度	4米
操作人数	4人（车长、驾驶员、炮手、雷达兵）
战斗全重	35000千克
最大速度	65千米／小时
最大行程	500千米

■ 实战表现

　　"通古斯卡"自行防空系统的最大特点是"有（导）弹、有炮、有雷达"，主要武器是 2A38 型 30 毫米水冷双管高炮、9M311 对空导弹 8 枚。由于自带搜索雷达和跟踪雷达，因此"通古斯卡"具备了独立作战的能力。防空导弹和高射机关炮互相配合，覆盖不同的空域，可以发挥两种武器的特长，互相补充，相得益彰。机关炮的杀伤概率为 60%，导弹的杀伤概率为 65%，使整个系统在重叠空域的杀伤概率达到了 86%，几乎是"十拿九稳"。

知识链接 >>

　　"通古斯卡"于 1988 年开始在苏军服役，成为某些坦克团防空营的主要装备。诞生以来从没参加过对空实战，仅参加过一次地面战斗。

▲ "通古斯卡"自行防空系统开火瞬间

9K58 式 "旋风" 300 毫米多管火箭炮

（苏联/俄罗斯）

■ 简要介绍

9K58 式 "旋风" 300 毫米多管火箭炮是苏联合金国家科研生产联合体于 20 世纪 80 年代中期研制和生产的口径 300 毫米的 12 管自行式火箭炮，该炮于 1987 年开始装备军属火箭炮旅和集团军属火箭炮团，也是俄罗斯现役口径最大的多管火箭炮。

■ 研制历程

20 世纪 80 年代初，苏联图拉市的合金精密仪表设计局开始在 9K57 "飓风" 的基础上，设计 300 毫米的 "旋风" 多管火箭炮，设计型号为 9A52，整个系统的设计局型号为 9K58。该系统于 1983 年设计定型。

9K58 式 "旋风" 多管火箭炮共有 12 个发射管，分上、中、下 3 层配置。该炮射程远，威力大，一门火箭炮一次齐射可抛出 864 枚子弹药，杀伤面积极大；弹种多，可发射 9M55K 式子母火箭弹，除杀伤子母弹战斗部之外，还可以使用燃烧子母弹战斗部、反坦克子母雷战斗部、燃料空气炸药战斗部。

该炮采用 MA3-543 型载重卡车底盘，其发射装置安装在底盘的后部，自动化射击指挥系统安装在驾驶舱内，驾驶舱有装甲防护。该火箭炮采用简易控制自动修正系统，精度极高。

基本参数

基本参数	
口径	300毫米
战斗全重	43100千克
最大射程	100千米
高低射界	+15° 至 +55°
水平射界	左右各55°

■ 服役外销

1987 年，9K58 式 "旋风" 多管火箭炮开始装备苏联部队，主要装备于方面军属火箭炮旅和集团军属火箭炮团。至今仍为俄罗斯现役口径最大的多管火箭炮。

1995 年下半年，科威特订购的 27 套系统开始交货；后来，阿拉伯联合酋长国订购了 6 套；1998 年印度首批购买 6 套，后来又购买 12 套。

▲ 9K58式"旋风"300毫米多管火箭炮开火瞬间

知识链接 >>

为缩短9K58式"旋风"多管火箭炮的反应时间,斯普拉夫公司以一次性使用的P-90型无人驾驶侦察飞行器为基础,研制一种"旋风"火箭炮使用的自主目标探测和毁伤评估装置。另外,俄罗斯对"旋风"300毫米火箭炮系统进行了重新设计,并使用了复合推进剂,使其射程由原来的70千米增加到90千米以上,而且射击精度也提高了8% ~ 10%。

2S31 VENA

2S31 "静脉" 120 毫米自行迫榴炮

（苏联/俄罗斯）

■ 简要介绍

2S31 "静脉"（俄语音 "维娜"）是苏联 1990 年研制的一款 120 毫米自行迫击炮，由于它具有榴弹炮的弹道特征，所以也有人称它为榴弹炮。自 1997 年开始装备于俄罗斯陆军空降兵、轻型装甲兵部队和海军陆战队。该炮可以空运和两栖机动，能在核、化、生条件下作战。

■ 研制历程

20 世纪 70 年代至 90 年代，俄罗斯相继推出 2S9 式 "诺那" –S 履带式自行、2B–16 式 "诺那" –K 牵引式和 2S23 式轮式自行 3 种 120 毫米的迫榴炮，形成世界上独一无二的迫榴炮系列。

但后来发现，这些迫榴炮的机动能力仍无法完全满足现代作战的需求。1990 年时，苏联中央精密机器制造设计局开始研制 2S31 式 "维娜"（意为 "静脉"）履带式自行迫榴炮。

2S31 "静脉" 自行迫榴炮自 1997 年开始装备俄空降部队、轻型装甲兵部队和海军陆战队，用于取代 2S9 式 "诺那" 120 毫米履带式自行迫榴炮。

基本参数

口径	120 毫米
战斗全重	19500 千克
炮口初速	367 米 / 秒
最大射速	10 发 / 分
最大射程	18 千米

■ 作战性能

2S31 "静脉" 自行迫榴炮具有迫击炮、榴弹炮、加农炮多重弹道，配用榴弹、制导迫击炮弹、火箭增程弹和破甲弹等。其自主作战化程度高，火控系统包括弹道计算机、可见光直瞄和间瞄瞄准镜、夜间观瞄镜、激光测距机兼目标指示器、自动定位定向装置以及陆地导航系统。1 门炮可作为一个射击指挥中心，控制其他 6 门火炮实施射击。

知识链接 >>

在2005年的土耳其防务展上，"静脉"进行了水域涉渡表演。它浮渡起来轻松自如，危急时刻还能在极度不稳定的漂浮状态中快速射击。这套"水上漂"的功夫，使得在场的一些北约将领大为震撼。

▲ 2S31"静脉"120毫米自行迫榴炮

PANTSIR MISSILE SYSTEM

"铠甲-C1"弹炮合一防空系统（俄罗斯）

■ 简要介绍

"铠甲-C1"是由俄罗斯图拉仪表制造设计局于 20 世纪 90 年代研制的世界上独一无二的弹炮合一防空系统，主要用于保护机场、指挥中心等重要军事设施，并能伴随机动部队进行野战防空作战。它分履带式、轮式两种，除作为陆基防空武器外，该系统还能安装在舰船上进行海上对空防御作战任务。

■ 研制历程

1990 年，苏联单一制企业图拉仪表制造设计局领受了为苏联防空部队研制"铠甲"防空系统的任务，以取代俄军当时装备的"通古斯卡"弹炮结合防空系统。

1994 年，图拉仪表制造设计局研制和试验了样车，并于 1995 年 8 月在茹科夫斯基市举行的航展上向外界展示。但此前由于经济危机，实际上俄罗斯停止了对该系统研制工作的拨款。

20 世纪 90 年代后期，阿拉伯联合酋长国对"铠甲"系统很感兴趣，于是研制、生产工作重启。

基本参数

口径	170 毫米
战斗全重	20000 千克
最大射程	18 千米
最大射高	10 千米

■ 使用外销

"铠甲-C1"防空系统装备 12 枚射程为 20 千米的地空导弹和 2 门 30 毫米口径的自动火炮，配用曳光穿甲弹、杀伤爆破燃烧弹、曳光杀伤爆破弹。目标跟踪和导弹瞄准站可以同时发现并跟踪 20 个目标，既可在固定状态下，也可在行进中对其中 4 个目标实施打击。

知识链接 >>

"铠甲-C1"防空系统采用高智能、多体制、多波段、适应性强的无线电定位——光学控制系统,提高了分辨能力、目标指示精度、武器引导精度、抗干扰性以及系统的可靠性。

▲ "铠甲-C1"弹炮合一防空系统开火瞬间

25 磅野战炮（英国）

■ 简要介绍

25 磅野战炮是 20 世纪 20 年代英国陆军鉴于一战时服役的 18 磅野战炮发展潜力不足，无法应对未来战争的威胁，而研制出的一种能发射 20 磅至 25 磅重的炮弹，最大射程 13 千米左右的野战炮，以取代 18 磅野战炮和 4.5 英寸（114.3 毫米）的榴弹炮，是师属炮兵的主要压制武器。

■ 研制历程

1925 年，军方计划采用机械化牵引野炮，因此火炮重量可以突破上面的限制，加之当时世界坦克发展很快，需要有相应的反坦克炮应对。1933 年，英军先后试验了 18 磅、22 磅、25 磅 3 种火炮。

1935 年，MK1 型 25 磅炮研制成功。1936 年又开始设计 MK2 型 25 磅炮。1937 年完成了第一门 MK1 的制造。为了发射穿甲弹，MK2 型于 1942 年安装了炮口制退器，称为 MK3 型。

基本参数

基本参数	
口径	87.63 毫米
战斗全重	1800 千克
炮口初速	609 米 / 秒
最大射程	13.4 千米
高低射界	0° 至 +40°
水平射界	360°

■ 实战表现

25 磅野战炮使用英军专门研制的 9 千克重的同口径实心穿甲弹。这种炮弹动能很大，足以摧毁德国 III 号坦克。由于使用强装药，初速提高，在 365 米处 0° 着角可以穿透 70 毫米厚的装甲。由于后坐力增大，因此安装了双室炮口制退器。改装后该炮可以在 1200 米以内对坦克进行直瞄射击，威力足以对付德国 III 号坦克和早期的 IV 号坦克。

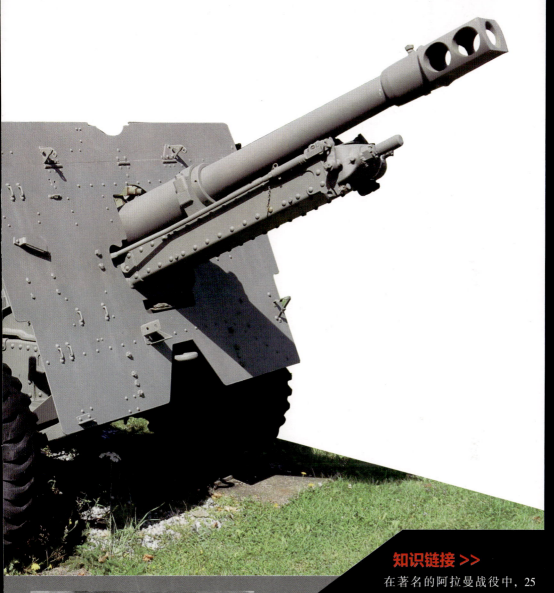

知识链接 >>

在著名的阿拉曼战役中，25
磅炮曾发挥了重大作用，主要是作为压
制兵器使用的。当时25磅炮在这次进攻作战
中，首先用于打垮德军的前哨。密集的炮
火摧毁了敌人的攻势和有线通信系统，
掩护工兵在反坦克雷场中开辟通路。
然后英军步兵和坦克突破德军阵地，
25磅炮再随后跟进。

▲ 25磅野战炮开火

ABBOT 105MM SELF-PROPELLED GUN

"阿伯特" 105 毫米榴弹炮（英国）

■ 简要介绍

"阿伯特" 105 毫米榴弹炮是英国 20 世纪 50 年代末开始研制的战后第一代自行榴弹炮，1967 年开始装备英陆军部队。该炮的主要用途是以间瞄射击的方式为野战部队提供直接火力支援，也可直瞄打坦克。

■ 研制历程

20 世纪 50 年代后期，北约成员国的主要野战炮口径已经统一到 105 毫米。当时，唯一继续使用 88 毫米火炮的英国军方决定研制 105 毫米自行榴弹炮。1958 年，英国的战斗车辆研究所开始了整车设计，之后进行多年试验，1967 年正式定名为"阿伯特" 105 毫米榴弹炮。

"阿伯特" 105 毫米榴弹炮由炮身、摇架、反后坐装置、输弹机、射击指挥系统和底盘等组成，具有重量轻、体积小、可空运、机动性强的特点，主要武器为 1 门 L13A1 型 105 毫米线膛炮，身管长为 37 倍口径。该炮装备有三防装置，可水陆两用，电动旋转炮塔可环射，可精确打击 14.4 千米外的目标，并有效打击除重装甲战车以外的任何目标。

基本参数	
口径	105毫米
战斗全重	16570千克
最大射速	12发/分
最大射程	17千米
高低射界	−5°至+70°
水平射界	360°

■ 实战部署

"阿伯特"榴弹炮是二战后的第一代自行榴弹炮。由于它有不错的性能，曾先后装备了英国、加拿大、瑞典、印度、奥地利等国的军队。20 世纪 90 年代初期，在英军中仍有 151 辆，在加拿大军队中有 133 辆在服现役。如今，英军中"阿伯特"已经被 AS90 自行榴弹炮所取代。

▲ "阿伯特" 105 毫米榴弹炮侧视图

知识链接 >>

"阿伯特"意思为"修道院院长（男）"，即相当大权力的神职人员。采用神职人员的称谓来命名装甲战车并不仅此一例。早在二战期间，美国就有M7"牧师"自行榴弹炮，英国有"主教"自行榴弹炮，英国／加拿大有"教堂司事"自行火炮等。有趣的是，和神职人员有关的命名，都用到了自行火炮上。

BAT RECOILLESS RIFLE

L6 式 120 毫米无后坐力炮 （英国）

■ 简要介绍

L6 式 120 毫米无后坐力炮是英国皇家兵工厂 1964 年在"巴特"L1 式和"莫巴特"L4 式 120 毫米无后坐力炮的基础上研制的车载式无坐力炮，主要用于近距离射击坦克等装甲目标。除装备英国陆军外，还出口澳大利亚、约旦、新西兰等国家。

■ 研制历程

第二次世界大战及战后一段时期，无后坐力炮在各国军队中得到广泛应用，并不断改进，非常适于伴随步兵作战，但由于后喷火焰大，易暴露。

L6 式 120 毫米无后坐力炮采用高强度钢单筒身管，炮口处装有两根横向手柄，射击时可向后折叠。为便于空投，L6 炮的身管、摇架和试射枪组合件可分解。

该炮采用电发火系统，小蓄电池装于发火臂中，这种紧凑型结构使其体积更小、重量更轻，而且易于操作，可在近距离内准确射击坦克等装甲目标。

基本参数	
口径	120毫米
总重	295千克
炮管长度	3.86米
炮口初速	462米/秒

■ 实战表现

L6 式 120 毫米无后坐力炮自 1964 年量产便装备英国陆军，在英阿马岛之战中，英国海军曾用它击落阿根廷的直升机，甚至把阿军驱逐舰炸开了一个大洞（不过也有资料称当时英军使用的是瑞典 M550 "卡尔·古斯塔夫"无后坐力炮）。

▲ L6式120毫米无后坐力炮开火瞬间

知识链接 >>

　　1879年，法国的德维尔将军和同事们发明了火炮的反后坐复进装置，但非常复杂。世界上第一门真正结构简单，并能消除后坐现象的火炮，是由美国海军少校戴维斯研制的，因此称"戴维斯炮"。1917年后，无后坐力炮有了新的发展。1936年，梁布欣斯基研制出一种75.2毫米无后坐力炮，这也是世界上第一种正式装备部队的无后坐力炮。

FH70 式 155 毫米榴弹炮（英国）

简要介绍

　　FH70 式 155 毫米榴弹炮是英国、德国、意大利三国于 20 世纪 70 年代联合研制的火炮，1987 年起先后装备三国陆军。日本和沙特阿拉伯等国也装备了此炮。

研制历程

　　20 世纪 70 年代中后期，英国牵头联合德国和意大利，开始研制一种 155 毫米、10 吨以下的牵引式中大口径榴弹炮。至 80 年代初，该项目通过各国一系列试验，最后定名为 FH70 式榴弹炮，并分别在各国投产。

　　FH70 式榴弹炮由炮身、反后坐装置、摇架、装填装置、座盘、辅助推进装置和瞄准装置等部分组成，具有射程远、威力大、机动性好的特点；由于全炮重量较轻，可由大型直升机吊运。

　　该炮可发射多种常规炮弹和核弹，具有较高的射速；配有辅助推进底盘，在没有牵引车支援的情况下，也能保证火炮低速行驶 20 千米，便于近距离机动和快速展开，可在 8 秒内实现 3 发速射；由于采用一系列新弹药，提高了射程和杀伤力，瞄准装置上有数字显示器，可显示连指挥所提供的高低和方向数据等。

基本参数

口径	155毫米
总重	9600千克
炮管长度	6米
最大射程	30千米
炮口初速	827米 / 秒

服役使用

　　据公开资料显示，日本陆上自卫队装备有 480 门该型火炮，经常在陆上自卫队的演习中亮相。

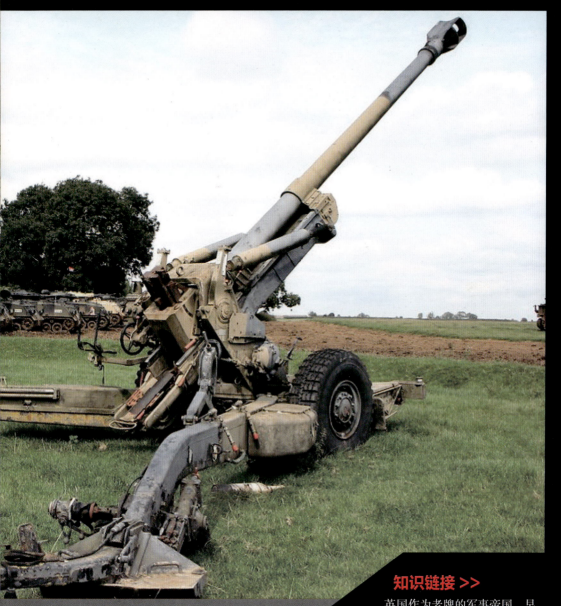

知识链接 >>

英国作为老牌的军事帝国，早在19世纪中期，就由埃尔斯维克军械公司和皇家军备局的伍尔韦奇工厂研制出了著名的"阿姆斯特朗炮"。第二次鸦片战争中，英军就是利用阿姆斯特朗炮的威力，才迅速攻破了清军的大沽炮台。

▲ FH70式155毫米榴弹炮开火瞬间

L118 LIGHT GUN

L118 式榴弹炮（英国）

■ 简要介绍

　　L118 式榴弹炮是英国皇家军械公司 20 世纪 70 年代开始研制的 105 毫米牵引式轻型榴弹炮，是当今射程最远的 105 毫米榴弹炮，在设计和制造中采用了很多新材料和新工艺，整炮重量很轻，可用"黑鹰"直升机空运，具有很高的可靠性和机动性。

■ 研制历程

　　20 世纪 70 年代，英国先后发展了几款新型 105 毫米牵引榴弹炮，其中最基本的型号即为英国皇家军械公司研制的 L118 式 37 倍径身管 105 毫米牵引榴弹炮，1974 年左右由英国诺丁汉皇家兵工厂生产，1981 年已完成英国陆军订货。

　　L118 式榴弹炮采用 L19A1 式炮身，单筒自紧身管用高强度钢制成，使用平均发射装药。其高效率的双室炮口制退器可拆卸，便于擦拭身管。立楔式炮闩在任何射角下只要拉动闩柄即可开闩。闩体拆卸和擦拭方便。电磁式击发装置装在摇架上，不受气候影响，防水，可靠性好。炮车轮为宽轮胎，装有特制液压制动器，以保证用轻型牵引车牵引时的安全性，可用越野车、吉普车、小型卡车、雪地牵引车牵引，或用直升机、运输机空运。

基本参数

口径	105毫米
总重	9600千克
炮管长度	6米
最大射程	30千米
炮口初速	827米／秒

■ 实战表现

　　1974 年 10 月，L118 式榴弹炮正式交付英国陆军，1975 年，英国陆军在皇家炮兵学校第 19 野战炮兵团组建第一个 L118 式轻型榴弹炮连。1982 年，L118 榴弹炮参加了英阿马岛战争，在几次关键战斗中起到了决定性的作用。此外，澳大利亚、爱尔兰、新西兰、阿曼、文莱、肯尼亚、摩洛哥等国都装备有 L118 / L119 式榴弹炮。

▲ L118 式榴弹炮开火瞬间

知识链接 >>

1986 年，美国也开始从英国购入 L118 的改进型 L119。1989 年年底，美军选用 L119 式 30 倍径身管型 105 毫米牵引榴弹炮并改进，并且后期在国内大量生产，命名为 M119 式和 M119A1 式。由于融合了美军高度自动化的炮兵数字化 C3I 系统，L119 的生命期必然持续很长一段时间。

AS90 式 155 毫米自行榴弹炮（英国）

■ 简要介绍

AS90 式 155 毫米自行榴弹炮是英国维克斯造船与工程有限公司 20 世纪 80 年代开始研制的英国陆军最新型自行榴弹炮，1992 年正式装备部队。该炮可靠性非常好，主要用于为师以上部队提供火力支援。

■ 研制历程

20 世纪 70 年代末，英国就打算替换"阿伯特" 105 毫米榴弹炮和老式的 M109 自行火炮。1981 年，英国维克斯造船与工程有限公司开始研制 39 倍口径的新式自行榴弹炮，1986 年制成样炮，通过试验后定型，命名为 AS90 式。1989 年，又根据北约火炮采用统一的 52 倍径火炮的要求，成为 155 毫米的自行榴弹炮。

AS90 式自行榴弹炮的射程并不是很远，但该炮可靠性非常好，在长时间射击时，火炮不会过热和烧蚀。155 毫米炮弹由半自动装弹机填装，使 AS90 可以在任意角度时均可装弹发射，并保持较高的射速，充分发扬火力奇袭的作用。

该炮的火控系统也非常先进。该系统由惯性动态基准装置、炮塔控制计算机、数据传输装置等组成，可以完成自动测地、自动校准、自动瞄准等工作，使 AS90 的独立作战性能大大提高。

基本参数	
口径	155毫米
总重	46300千克
最大初速	827米/秒
最大射程	24.7千米
高低射界	−5° 至 +70°

■ 实战部署

AS90 自行榴弹炮从 1992 年开始装备英国驻德国莱茵的炮兵团，英国陆军订购了 241 辆，主要装备于英陆军野战炮兵团。波黑冲突和科索沃战争结束后，进驻维和区的英军维和部队装备了此炮，并在波黑首府和普里什蒂纳进行了部署，成为英国陆军现装备的唯一一种自行火炮系统。此外，英国还积极开拓 AS90 的国外市场，由于该炮可靠性非常好，具有很高的出口潜力。

知识链接 >>

英国为 AS90 式 155 毫米自行榴弹炮制订了长远改进计划，后来包括在炮塔内配以炮载火控计算机、新型数字式信息传输系统、GPS 全球定位接收机、初速测定仪、车辆电子系统、引信自动装定器、身管温度和曲率传感器等装置。经过这些改进后的 AS90 式自行榴弹炮已于 2010 年装备部队。

▲ AS90 自行榴弹炮开火瞬间

M777 HOWITZER

M777 式 155 毫米野战榴弹炮（英国）

■ 简要介绍

　　M777 榴弹炮是英国 20 世纪 80 年代中期研制的一型超轻型牵引式野战榴弹炮，由于英国人首先在设计中大规模采用钛和铝合金材料的火炮系统，从而使得该野战火炮的重量是常规 155 毫米火炮重量的一半，因此它也成为世界上最轻的 155 毫米榴弹炮。

■ 研制历程

　　20 世纪 80 年代中期，美国与英国的军工部门决定联合研制一种轻型 155 毫米榴弹炮，这是根据美军第 82 空降师、第 101 空中突击师和轻步兵师的意见开发的。

　　但不久之后，美国公司以经费紧张为由退出。英国维克斯造船与工程有限公司自行研发，并重点转向开发超轻型榴弹炮。1987 年 9 月，维克斯公司很快制出火炮模型，接着将火炮部构件分别转包给了另外 6 家公司制造。设在伯明翰的邦廷钛金属公司承担了制造炮架和摇架的主要任务。

　　1989 年，世界第一门 UFH 样炮造出，1994 年年初定型，接着是部队试用检验和改进，并命名为 M777 式。

基本参数	
口径	155毫米
总重	3420千克
炮管长度	5.8米
炮口初速	827米／秒
最大射程	30千米

■ 作战性能

　　M777 榴弹炮在制造上大量使用了挤压成型的铝钛合金，并采用了四角形大架的独特结构，部分组构件功能复合或多功能，从而使火炮结构简洁、紧凑，利于减轻炮重，可以方便地使用"黑鹰""支奴干"之类的直升机吊运，因此它可在最具挑战性的战场环境中，快速进入发射阵地。具有低轮廓、高生存力以及快速部署和装载等特点。

▲ M777式榴弹炮开火瞬间

知识链接 >>

  M777已经在加拿大和美国的武装部队中服役。2003年伊拉克战争中的巴士拉之战，8门被军用卡车以60千米/小时的速度越野牵引的M777榴弹炮，在行进间接到了海军陆战队第一远征队的火力支援要求，在不到两分钟的时间内就完成了停车、架设和开火等一系列战术动作。3轮急速射击后，8门M777榴弹炮又迅速转移到了3千米外的另一个火炮阵地，整个过程不到5分钟。

DS30B MK2 小口径机炮（英国）

■ 简要介绍

DS30B 式 30 毫米舰炮是英国 MSI 防御系统有限公司 20 世纪 80 年代在 DS30R 式 30 毫米舰炮的基础上，设计改进而推出的新一代多用途舰载小口径火炮系统，装备于英国皇家海军，主要用于防空反导，也可对付水上目标。

■ 研制历程

20 世纪 80 年代前，英国皇家海军的舰载火炮主要是 DS30R 式 30 毫米舰炮，这时，海军要求推出新一代多用途舰载小口径火炮系统。英国 MSI 防御系统有限公司便在 DS30R 的基础上，推出了 DS30B 式 30 毫米单管舰炮。

DS30B 式舰炮系统最大的特点是有炮位、遥控和自主控制 3 种不同的控制方式：采用炮位控制方式时，操作人员可使用不同的瞄准具进行直视瞄准，目标指示信息由舰载传感器提供；采用遥控方式时，装在炮架上的辅助控制箱和炮座底部的电子设备接收舰载火控系统的目标指示信号，发射机构通过与舰载作战系统计算机的接口实施控制；采用自主控制方式时，由炮载光电传感器自动跟踪目标，甲板下的火控台则提供攻击顺序数据、系统状态信号、跟踪范围信息和目标的各种指示信息。

基本参数

口径	30 毫米
总重	800 千克
射速	200 发 / 分
最大初速	1050 米 / 秒
最大射程	4 千米

■ 实战部署

作为新一代多用途舰炮系统，DS30B 自诞生后，便开始装备于英国皇家海军，英国皇家海军已购置 70 多座该炮，装备了包括 22 型、23 型护卫舰在内的各种现役水面舰艇。除英国外，澳大利亚、巴基斯坦、马来西亚等国海军也已购进了 DS30B 舰炮，分别装备其护卫舰和猎雷艇等水面舰只。

知识链接 >>

MSI 公司还在 DS30B 炮的基础上，推出了"西格玛"弹炮结合分层防御武器系统，在现有的炮架上加装并发射多种类型的激光制导或红外制导近程舰空导弹（如法国的"西北风"导弹、英国的"星爆"导弹、美国的"毒刺"导弹等），大大拓展了该系统的攻击作战范围，提高了防御能力。

▲ 30 毫米 DS30B MK2 小口径机炮

MK8

MK8 型 114 毫米舰炮（英国）

■ 简要介绍

　　MK8 型 114 毫米舰炮是英国维克斯军械部巴罗工程制造厂研制的一种结构紧凑、自动化程度高的中口径单管高平两用舰炮，主要用于对海面、岸上和空中目标进行射击。1972 年投入使用，并出口阿根廷、巴西、泰国等国。

■ 研制历程

　　20 世纪 60 年代初，英国海军考虑对 MK6 型 114 毫米舰炮进行技术改造，并提出了指标要求：结构紧凑、自动化程度高、操作人员少、可靠性好。1966 年，英国维克斯造船与工程有限公司正式承接了 MK8 型 114 毫米舰炮的发展设计合同。1968 年完成样机研制，经过 2 年多的试验后，1970 年投入生产并装备使用。

　　MK8 型舰炮采用可控硅静态遥控动力控制系统。该系统中的电子部件不需要预热，在启动程序被激励后的 15 秒内，确保火炮能够实施开火。为保证弹药在输送过程中安全可靠，MK8 的供弹系统中装有 1 个逻辑电路予以控制；其他主要的操作控制也都装有故障安全开关，以保护火炮各主要部件免遭损坏。另外，MK8 型舰炮适配性好，它既能与舰载模拟火控系统相配匹，又能与数字式火控系统相连接。

基本参数	
口径	114毫米
总重	26400千克
炮管长度	6.27米
高低射界	−10° 至+55°
水平射界	旋回340°

■ 实战表现

　　1982 年马岛海战中，英海军在登陆火力支援作战期间，MK8 型 114 毫米舰炮发射了 8000 余发炮弹，有效地打击了阿方部队及工事等，为取得登陆战斗的胜利发挥了较大的作用。据英国司令部的白皮书记载，由 MK8 型 114 毫米舰炮击落的阿根廷飞机总数为 7 架。此后，英国海军把 MK8 型单管 114 毫米舰炮作为重点发展的火炮，并大量装备驱逐舰、护卫舰等主要作战舰艇。

知识链接 >>

　　伊朗、利比亚等国海军也订购了 MK8 型炮，以装备他们各自的新型水面舰艇，例如伊朗"罗斯塔姆"和"法拉马兹"号护卫舰、利比亚"达特·萨瓦里"号护卫舰等。

▲ MK8 型 114 毫米舰炮

TYPE 41 MOUNTAIN GUN

明治四十一年式 75 毫米山炮（日本）

■ 简要介绍

　　明治四十一年式 75 毫米山炮是日本 1908 年研制的，装备于日本精锐的野战部队的步兵大队或一般野战师团的步兵联队。随着战事的需要，每个精锐步兵大队追加 2 门，是步兵大队的压制火炮力量。

■ 研制历程

　　日本通过明治维新，军事帝国思想膨胀，陆军部队规模急剧扩大，非常重视火炮的发展。日本是资源匮乏的国家，新式火炮由于成本高，难以达到装备需求数量，所以日本陆军基本停止了生产新锐重型火炮，大力生产低成本的老式火炮，其中日军重点主产火炮之一，就有明治四十一年式的 75 毫米山炮。

　　明治四十一年式 75 毫米山炮主要发射爆破弹，后期则装备有榴霰弹、穿甲弹、破甲弹、白磷弹等，精度良好。该炮的特点是重量很轻，2 个士兵就能推着到处跑，而且很容易分解组合，便于在没有道路的山地丛林地带用士兵或马匹携行，机动性很好，在各种地形使用都很方便。

基本参数	
口径	75毫米
总重	540千克
炮管长度	1.3米
最大射程	6.3千米
炮口初速	360米 / 秒

■ 实战部署

　　明治四十一年式 75 毫米山炮在 1908 年至 1945 年，都一直服役于日本军队。最初，明治四十一年式 75 毫米山炮除了用于压制炮击外，在巷战时，也经常把这种炮推到街上当平射炮使用。后来，很多新组建的野战师团所属的师团炮兵联队，也装备了这种步兵大队与步兵联队都用的山炮。

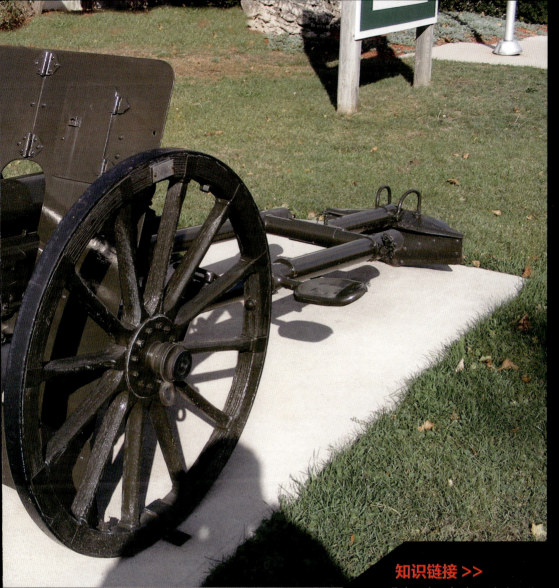

明治四十一年式75毫米山炮主要用于压制射击用途，装备日军乘马骑兵联队、机甲骑兵联队与机动步兵联队，精度与射程性能与三十八年式75毫米野炮差不多，但重量更轻，此炮成本比三十八年式75毫米野战炮更高，产量远不及三十八年式75毫米野战炮。

▲ 明治四十一年式75毫米山炮后视图

明治四十五年式240毫米重榴弹炮（日本）

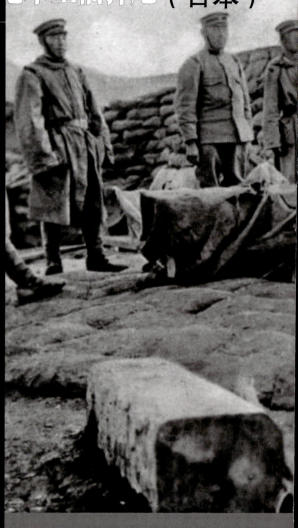

■ 简要介绍

明治四十五年式240毫米重榴弹炮是日本1912年研制的新型大口径重型火炮，日军在第一次世界大战和第二次世界大战期间曾广泛使用该炮。它相当于一辆重型坦克，炮弹需用两个士兵，用小车推进炮膛，单是弹丸就重达200千克，杀伤力惊人。

■ 研制历程

1912年，日本军部鉴于当时本国只有中小口径榴弹炮，难以与世界强国的大口径火炮抗衡，于是开始大胆研发240毫米的重榴弹炮，由于当年正是日本明治天皇四十五年，因此命名为明治四十五年式。自此生产一直持续到二战结束的1945年为止。

作为240毫米口径、重达33吨的重炮，四十五年式重型榴弹炮的威力自然不必说，它可以发射穿甲爆破弹和化学弹，甚至强过了同时期的四十五年式150毫米重加农炮，成为摧毁敌军要塞防御工事的攻城重炮。

同时，该移动式大炮的移动底盘与发射底盘是分开安装的，移动到炮击地点后必须卸掉移动底盘，然后再把大炮安装在发射底盘上，此炮在射击时有360°全射界。

基本参数	
口径	240毫米
总重	33000千克
炮管长度	3.89米
最大射程	10.35千米
炮口初速	387米/秒

■ 实战表现

太平洋战争初期，日军将明治四十五年式240毫米重榴弹炮部署在拥有强大兵力的大前线重要要塞，曾参与过巴丹要塞总攻，发挥了巨大毁伤威力。不过美军在"蛙跳反攻"中，跳开了这些日军苦心经营的坚固要塞，从而避免了与日军主力部队硬碰硬决战，自然也不会遭遇到日军重炮部队的打击。

▲ 明治四十五年式 240 毫米重榴弹炮

知识链接 >>

二战后，明治四十五年式 240 毫米重榴弹炮或者被销毁，或者进入博物馆。作为一款 1912 年研发的重炮，到二战时该炮的性能指标已经落后了，装填时间慢、全炮重量过大、火炮尺寸大且没有机动性。不论是部署在要塞还是野外阵地都是一个活靶子，能发挥作用的地方已经很少了。

TYPE 5 15CM AA GUN
五式高射炮（日本）

■ 简要介绍

五式高射炮是日本陆军在二战末期制造的一型 150 毫米高射炮，其口径为日本当时最大的一款。但战争结束前仅制造了 2 门，全部部署在东京外围一处高射炮阵地上，战争期间一共只发射了几十发炮弹，绝大部分是用于靶场试验。

■ 研制历程

20 世纪 30 年代，欧洲列强竞相研究 100 至 150 毫米级的大口径高射炮，以求提高初速与增进射程。当时日本陆军由岸本绫夫中将的欧美视察报告得知该倾向后，立刻制订了相应的计划，第 1 陆军技术研究所集合火炮、弹药、射表、瞄准器等各方面人才，以 1945 年 4 月完成为目标，开始进行 150 毫米高射炮的开发，即为五式高射炮。

五式高射炮的口径与德国当时生产的另一种高射炮同为各自所造中最大的一款。此炮发射的弹丸重量之大、初速之高令人难以置信，用于攻击高空的轰炸机有特效。

该炮安置于地下 2.5 米的圆筒形水泥炮座，大部分的炮架收纳其中，地上部分则覆盖 10 毫米防弹钢板防盾，炮身轴高约地上 1 米，平时水平收纳，披有伪装网。

基本参数	
口径	149.1毫米
炮管长度	9米
炮口初速	930米/秒
最大射高	20千米
最大射程	26千米

■ 实战表现

二战结束时，五式高射炮只生产了 2 门，全部配备于东京外围的高射炮第 112 联队第 1 大队第 1 中队。战争期间一共只发射了几十发炮弹，绝大部分是用于靶场试验，只有 1 发炮弹是对敌开火，1 弹击伤 9800 米高度飞行的 B29 轰炸机 3 架。但这种高炮是炮垒安置，无法机动，数量也少，因此它并没有起到防卫东京不被轰炸的作用。

▲ 五式高射炮炮弹

▲ 五式高射炮炮闩

知识链接 >>

在研制五式高射炮同年，日本还研制了五式150毫米多管火箭炮，主要装备本土防御师团迫击联队、火箭炮联队，这种火箭炮精度好，火力密度大，真在战场上使用起来是很恐怖的。不过这种火箭炮出现得太晚，并没有在日本本土以外部署，因为美军没有与日军发生本土决战，这种多管火箭炮也就失去了实战机会。

小松60式106毫米自行无后坐力炮（日本）

■ 简要介绍

　　小松60式106毫米自行无后坐力炮是日本小松制作所20世纪50年代后期在美国M40式106毫米无后坐力炮的基础上研制的口径106毫米的双管自行式无坐力炮。1960年装备日本陆上自卫队，用于攻击坦克、装甲车，亦可用于杀伤人员。

■ 研制历程

　　日本小松制作所1921年在日本石川县小松市成立，成为日本负责研发生产陆上自卫队装甲车的重要承包商。

　　1956年，小松制作所在美国援助的M40式106毫米无后坐力炮的基础上，开始研制新型的双管自行式无坐力炮。1957年至1959年试制样炮并进行测试，于1960年正式投产，并开始装备日本陆上自卫队。

　　该炮配用SS4型履带车底盘，火炮前方装有蝶形固定器，后方装防弹钢板，用以遮挡炮架升高时炮架与车体之前出现的空隙。车体为钢板焊接和铆接结构，装甲厚12毫米。发动机后置，主动轮前置，有较强的越野机动能力。

基本参数	
口径	106毫米
总重	8000千克
最大射速	10发/分
炮口初速	500米/秒
最大射程	7千米

■ 作战性能

　　小松60式106毫米自行无后坐力炮配用榴弹和破甲弹，具有较强的反装甲能力。火炮可以靠液压或电动装置提升，也可以通过手动泵升降，具有较好的适应能力，操作轻便、灵活。配有75厘米立体测距仪以及红外夜视仪，前方配装潜望镜，后方有观察镜，火控设备先进。

知识链接 >>

小松 60 式 106 毫米自行无后坐力炮有 3 名乘员：车长、驾驶员和装填手。车全长 4.3 米，全宽 2.2 米，全高 1.59 米，比一个人立姿还低，算得上是小巧玲珑。车体前部左侧是驾驶员座，驾驶员座后部是装填手座。和一般主战坦克不同的是，装填手虽坐在车内，但装弹时要到车外，在车后部从炮尾装弹。

▲ 小松 60 式 106 毫米自行无后坐力炮

87式双35毫米自行高炮（日本）

■ 简要介绍

　　87式双35毫米自行高炮是日本三菱重工业公司和三菱电机公司1979年开始研制的35毫米双联自行高炮，1987年定型命名，主要装备于日本机械化防空部队，用以替换美制M15A1、M42自行高炮。

■ 研制历程

　　1979年，日本防卫省为了替换自卫队中的美制M15A1、M42自行高炮，让三菱重工业公司和三菱电机公司开始研制新型的35毫米双联发自行高炮（当时暂称AWX）。

　　1982年，部件试制工作全部完成，1984年年初制成了第一辆样车，至1986年进行了各种试验，最初考虑采用61式坦克底盘，因机动性不足，采用了74式坦克底盘。于1987年正式定型，命名为87式双35毫米自行高炮。

　　该炮配备炮口初速测量装置，歼毁率较高。两身管位于炮塔两侧，炮塔后端依次配置了圆形跟踪雷达和棒状搜索雷达，配用由激光测距仪、数字式计算机、光学跟踪仪、激光夜视仪等组成的新型火控系统，实现了跟踪、搜索、处理、射击、保障一体化，有单车作战能力，火力反应速度快，自动化水平高。

基本参数	
口径	35毫米
总重	38000千克
全长	6.7米
炮口初速	730~1490米/秒
最大射速	10发/分

■ 作战性能

　　87式双35自行高炮采用瑞士KDA35毫米口径机关炮。KDA机关炮的一个重要特点是可以双向供弹，两种不同的弹药可以交替使用，随时从对空中目标射击转为对地面目标射击。从发现空中目标到开火仅4秒，射速高，精度高，可在多种条件下执行火力掩护任务。采用74式坦克底盘，有较强的越野能力和较快的机动速度，能够为机械化部队作战提供有效掩护。

知识链接 >>

87式双35毫米自行高炮的作战反应速度惊人。在同样对于2.0马赫数的目标时，短程地空导弹，如毒刺式导弹等，一般要8秒至10秒，而190高射炮等则需要4秒至8秒。这样在与敌相对时，87式高炮自然可先发制人，抢先攻击敌方目标。

▲ 87式双35毫米自行高炮

96式120毫米自行迫击炮（日本）

■ 简要介绍

96式自行迫击炮是日本1992年将原73式车的车体和法国制造的MO-120-RT-61迫击炮结合，开始共同研发的一种120毫米自行迫击炮，1996年定型为96式120毫米自行迫击炮。服役于陆上自卫队列装后，成为世界上120毫米自行迫击炮的新军，被日本军队称为"上帝铁锤"。

■ 研制历程

20世纪90年代初期，日本军方感到60式自行迫击炮的性能已经落后，于是从1992年起，丰和工业公司和日立制作所开始着手新型自行迫击炮的研制工作。

当时，丰和工业公司按特许生产方式生产法国汤姆逊·布朗公司的MO-120-RT型120毫米迫击炮；日立制作所以原73式车完成底盘的改装工作。研制工作较为顺利，1996年出产样车，并定型为96式120毫米自行迫击炮。2013年，该型自行迫击炮总产量为24辆。

基本参数

口径	120毫米
总重	23500千克
最大射程	8.1千米
高低射界	+30°至+85°
水平射界	左右各45°

■ 作战性能

96式自行迫击炮采用120毫米线膛炮，弹种有榴弹、照明弹、发烟弹、预制破片弹、火箭增程弹等，尾部装弹方式，弹丸靠旋转稳定。该火炮系统的底盘与日本92式扫雷车、87式炮兵弹药车、73式牵引式车属同一系列，但车体进行了加长。动力装置为美国底特律采油机公司生产的V型8缸水冷二冲程柴油机，其最大功率441马力，最大速度为50千米/小时。

▲ 96 式 120 毫米自行迫击炮开火瞬间

知识链接 >>

日本陆上自卫队装备的自行迫击炮结构简单，携行方便，尤其中小口径迫击炮发展极为迅速。不过，中口径迫击炮已不能靠人肩背扛和机动车牵引，这是车载式中口径自行迫击炮发展的重要原因。中口径自行迫击炮以 120 毫米为主流。从结构类型上看，可分为履带式、轮式、炮塔式、后开式、单管、双管等多种类别。

TYPE 99 SELF-PROPELLED HOWITZER

99式155毫米自行榴弹炮（日本）

■ 简要介绍

99式自行榴弹炮是日本于20世纪与21世纪之交为陆上自卫队装备的最新型性能优良的155毫米自行榴弹炮，从2002年开始，它全面取代了风光一时的75式155毫米自行榴弹炮，成为日本陆上自卫队的主要炮兵装备。

■ 研制历程

1983年，日本获得了特许生产瑞典FH70式牵引式榴弹炮的许可证。FH70发射普通榴弹时的最大射程达到24千米，发射火箭增程弹时达到30千米。这样就出现了本应装备最先进武器装备的北海道师属炮兵团，其自行榴弹炮性能落后于本州以南各炮兵团的怪现象。

日本军方从1985年起，着手研制新型自行榴弹炮。1992年，提出了新型自行榴弹炮的战术技术指标并开始设计和部件试制。1994年生产出技术演示样车。1996年至1998年开始了技术和使用试验。1999年年底，正式定名为99式155毫米自行榴弹炮。

基本参数

口径	155毫米
总重	40000千克
最大射程	40千米
最大射速	6发／分
高低射界	−5°至+65°
方向射界	360°

■ 作战性能

99式自行榴弹炮的火控系统相当先进，它具有自动诊断和自动复原功能。虽然炮车上并没有装备GPS系统，但车上装有惯性导航装置（INS），仍然可以自动标定自身位置，并且可以和新型野战指挥系统（新FADAC）信息共享。从炮车进入阵地到发射第一发弹，只需要短短的1分钟时间，便于采取"打了就跑"的战术，从而将阵地迅速转移。

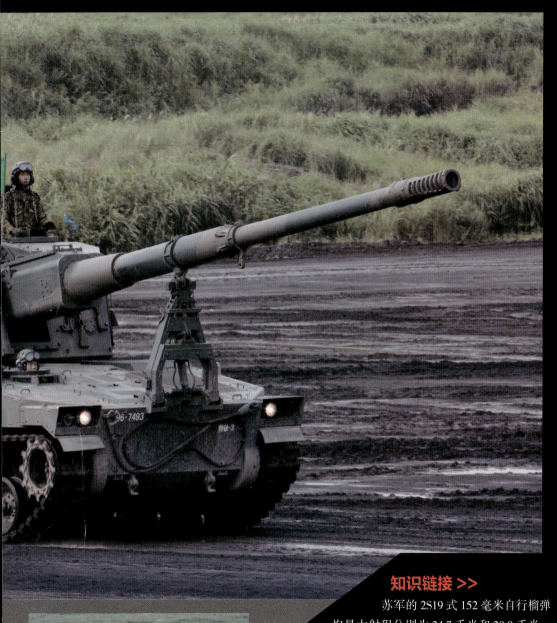

▲ 99 式 155 毫米自行榴弹炮开火瞬间

知识链接 >>

　　苏军的 2S19 式 152 毫米自行榴弹炮最大射程分别为 24.7 千米和 28.9 千米；德军的 PzH 2000 自行榴弹炮最大射程分别为 30 千米和 40 千米。从最大射程和发射速度上看，99 式和它们相差不大。但是，日本陆上自卫队的炮兵部队装备有以无人观察机为主的远程观察系统，再加上新研制的野战射击指挥系统，所以，99 式自行榴弹炮的远距离观察能力和弹药补充等配套性还是相当完善的。

■ 研制历程

　　日本 19 式轮式 155 毫米自行榴弹炮采取了卡车车厢集成 155 毫米榴弹炮的方式，这是法国 Nexter 系统公司"凯撒"自行榴弹炮比较通用的方式。该炮总体布局中规中矩，后部有一部大型液压助力铲，火炮击发时放下，后部轮胎升起，可以抵消后坐力，提供稳定的击发平台。车厢左侧配备了火炮控制和数据显示屏幕，成员舱后部是小型的弹药舱，携带有限的弹药，也在驾驶室内配置了火控计算机。日本媒体称，与 99 式自行火炮一样，19 式通过简单地用触摸板触摸平板电脑，可以从作战指挥和控制系统 "FCCS" 获得目标位置信息和坐标，进行瞄准射击。

基本参数

基本参数	
口径	155 毫米
总重	不详
最大射程	不详
最大射速	不详
高低射界	不详
方向射界	不详

■ 实战表现

　　19 式自行榴弹炮，共有 5 名炮班成员，3 名位于驾驶室，而另外两个人却位于驾驶舱后部帆布座舱内，因为驾驶室可以安装装甲防护措施，能够有效防御轻武器射击和炮弹破片，所以这一点显得非常简陋。主要原因可能是和曼恩卡车底盘的动力系统布置有关，也可能 19 式榴弹炮火炮的位置非常靠后，火炮炮管下放之后高度太低，无法安放第二排驾驶室。

知识链接 >>

19式自行榴弹炮采用的是一门在99式履带榴弹炮基础上改进而来的155毫米榴弹炮，该炮是日本自行研制的52倍口径长身管155毫米榴弹炮，带有半自动装弹机，位于火炮右侧。该炮能够发射北约标准的155毫米炮弹，包括榴弹、烟幕弹、照明弹、火箭增程弹等，发射普通榴弹时的最大射程为30千米，发射底部排气弹时的最大射程达40千米，未来配备制导炮弹最大射程可能会进一步增加。

▲ 演习中的19式155毫米自行榴弹炮

HEAVY HOWITZER

1935年式210毫米重榴弹炮（意大利）

■ 简要介绍

1935年式210毫米重榴弹炮是意大利于二战前夕研制出的重火炮，它在性能指标上与德军1938年定型的Morser18 210毫米重榴弹炮差不多，绝对算得上是二战中火炮的佼佼者，连挑剔的德国人也予以肯定。

■ 研制历程

意大利早在一战时的1916年，其前线就已经使用奥匈帝国420毫米榴弹炮；二战时期设计了很多具有世界先进水平的轻重机器，其军工业要比日军高出许多。

意大利1935年式210毫米重榴弹炮是连挑剔的德国人也予以肯定的好炮，性能指标上与德国人1938年定型的Morser18 210毫米重榴弹炮差不多，不过1938年式必须拆解成两部分才能行军，到达阵地后组装，且炮位设定后不具备360°全向环射能力，而德国Morser18则可以整体行军，炮位设定后具备360°环射能力。

基本参数	
口径	210毫米
总重	15880千克
炮口初速	560米/秒
高低射界	0°至+70°
方向射界	左右各75°
最大射程	15.4千米

■ 实战部署

意大利1935年式210毫米重榴弹炮在战前曾优先出口匈牙利。由于意大利的产能低下，战争爆发前本国并没部署多少。由于1935式重榴弹炮性能优越，在意大利宣布投降后，德国人控制了安沙尔多厂，要求继续生产该炮。

▲ 1935 年式 210 毫米重榴弹炮

知识链接 >>

二战时期的意大利军工业绝对比日军高出许多，其坦克建制起步虽然是跟日本同阶段的，但意大利可能理念更为先进。因此，意大利在火炮方面可以跟当时世界强国火炮并列，比如意大利的149 毫米榴弹炮的研发，虽然几乎跟德国同步，但其威力要高过二战初期的德国 150 毫米榴弹炮。

Semovente M41M 自行火炮（意大利）

■ 简要介绍

　　Semovente M41M 自行火炮是意大利于二战中后期研制的一种90毫米火炮，1942年开始生产，完成了30辆。在配属到部队时，意大利的战线已经被压缩到很小，西西里岛的防御战成了该炮唯一的一次战斗。

■ 研制历程

　　第二次世界大战中后期，由于同盟国军队坦克装甲的强化，使47毫米等小口径反坦克炮不再有效，北非战线的德军反坦克炮转用88毫米高射炮来应急。当时意大利军队用性能不差的90毫米高射炮，开始很快用卡车装载在战场上使用。

　　由于卡车在不平整的路面上机动困难，车身也很高，容易被敌方发现，于是意大利人开始使用已有的坦克底盘来完成自行化火炮设计，主要是采用正在开发的M13中坦克后期型（也称M14）的底盘，改造了炮架的自行火炮，称为 Semovente M41M 自行火炮，于1942年开始生产。

　　由于 Semovente M41M 自行火炮的装载位置在车身后部，所以发动机被迁移到车身中央。该型自行火炮只采取了简单的正面防护，与用装甲板包裹了战斗室的德军自行火炮有差异。

基本参数	
口径	90毫米
总重	17000千克
全长	5.20米
车高	2.14米
最大车速	33千米/小时
机动距离	200千米

■ 实战表现

　　M41M 自行火炮唯一一次使用，就是在1943年7月9日晚上西西里岛的防御战中。当时英军的一队谢尔曼3型坦克车队在经过一片丛林时，遭到猛烈的炮火袭击。刚开始坦克车队以为是意大利的75毫米自行突击炮，因其并不能正面击穿谢尔曼坦克的正面装甲，所以没有在意。事后发现当时有5辆谢尔曼3型坦克被击毁，在车身正面、侧面都有击穿炮洞。西西里战役胜利后才知道，当时一共有12辆M41M 自行火炮参加袭击。

知识链接 >>

西西里战争被称为"丛林伏击战"，行动代号为"哈士奇"，却被意大利视为入侵行动之一。它是第二次世界大战中最大规模登陆行动之一，当时同盟国军队通过此次行动加速了意大利的投降。

▲ Semovente M41M 自行火炮

OTO MELARA M56

M56式105毫米榴弹炮（意大利）

■ 简要介绍

M56式105毫米榴弹炮是意大利奥托·梅莱拉公司于20世纪50年代中期研制的牵引式榴弹炮。它是北约集团的制式武器，适用于山地和丛林地带作战，并能满足多种作战任务的需要，1957年装备意大利陆军，还出口到非洲、亚洲、欧洲的20多个国家。

■ 研制历程

20世纪50年代中期，意大利为了取代在山地步兵师装备的美制M116式75毫米轻榴弹炮，奥托·梅莱拉公司开始研制105毫米轻型火炮。1956年，样炮完成研制工作，并通过性能测试，定型为M56式105毫米牵引式榴弹炮，随后投入生产。

M56式105毫米牵引式榴弹炮最大的特点是机动性强，性能优良，可分解为11个部件，人背马驮，并可用轻型汽车牵引或直升机吊运。适用于山地和丛林地带作战，并能满足多种作战任务的需要。该炮配有榴弹、破甲弹、发烟弹、照明弹等多种弹型。瞄准镜有两部，一部装在火炮左侧，用于间瞄射击，由距离分划筒、高低角传动机构和周视瞄准镜组成；另一部装在炮右侧，是有直瞄分划的望远镜，用于反坦克作战。

基本参数

口径	105毫米
总重	1290千克
全长	3.65米
最大射程	10.58千米
炮口初速	472米/秒
高低射界	-5°至+65°

■ 实战部署

1957年，M56式105毫米牵引式榴弹炮开始装备于意大利部队，主要入装于山地步兵师（意大利山地步兵旅）的炮兵部队，取代美制M116式75毫米轻榴弹炮。此外，西班牙特许生产M56，并且还出口到欧洲及其他各洲国家，如联邦德国、比利时、西班牙和加拿大等北约国家，英国和法国也曾装备过。

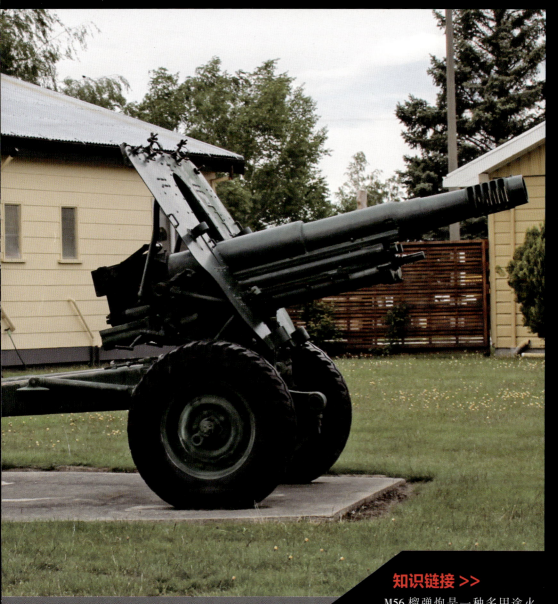

知识链接 >>

M56 榴弹炮是一种多用途火炮，适用于山地、丛林地带和空降作战。它是专为山地作战而设计的，因此又称为山地榴弹炮；但又可作为野炮、反坦克炮和重型迫击炮使用，所以还被称为"三用榴弹炮"。

▲ 西班牙军队的 M56 式 105 毫米榴弹炮

OTOMATIC SPAAG

"奥托马蒂克" 76 毫米自行高射炮（意大利）

■ 简要介绍

　　"奥托马蒂克"高射炮是意大利奥托·梅莱拉公司于 20 世纪 70 年代末研制的一种 76 毫米自行高射炮系统，是在 76 / 72 快速舰炮基础上研制的口径大、射程远的高射炮，用以对付武装直升机、低空飞机及地面轻装甲目标。

■ 研制历程

　　20 世纪 70 年代末至 80 年代初，为了应对世界各国武装直升机的大发展，意大利奥托·梅莱拉公司采用了与当时大潮流不同的、独树一帜的大口径高炮，直接采用了同属该公司旗下的 76 / 62 式 76 毫米单管舰炮技术，研发出了 76 毫米口径的"奥托马蒂克"自行高射炮。

　　"奥托马蒂克"高射炮由 76 毫米机关炮、炮塔、火控系统和 OF40 主战坦克底盘等组成。炮塔靠电液压驱动，并配有稳定装置，具有全天候作战和"三防"能力。该炮火控系统包括可同时跟踪 4 个目标的搜索雷达，并将测得数据输入计算机，计算机可对目标威胁程度作出判断，并选择射击方式。

基本参数

口径	76毫米
总重	46600千克
最大射程	16千米
炮口初速	900米 / 秒
理论射速	120发 / 分
高低射界	−5° 至 + 60°

■ 实战表现

　　"奥托马蒂克"有很高的射击速度和精度，针对 2800 米处俯冲角 15°、飞行速度 510 米 / 秒、长 5 米、弹径 0.25 米的来袭导弹，"奥托马蒂克"自行高射炮发射 6 发炮弹可确保将其击毁，目标在 1700 米处时，则只需发射 2 发炮弹便可确保击中。

"奥托马蒂克" 76 毫米自行高射炮

知识链接 >>

二战结束后，如何在苏制武装直升机发动导弹攻击之前就对其实施毁灭性打击成为北约各国急需解决的问题。随着各型防空导弹的迅速崛起，60 毫米以上的大中口径高炮逐渐从美国、苏联和西欧国家等军事强国装备序列中退役，各国都开始集中研发新一代牵引或自行式中小口径速射高炮，以应对低空、超低空突防带来的新挑战。

OTO MELARA

"奥托"紧凑型76毫米/127毫米舰炮

（意大利）

■ 简要介绍

　　"奥托"紧凑型舰炮是20世纪冷战时期意大利研制的全自动高平两用型舰装火炮，有76毫米和127毫米两种，1969年定型生产。前者主要装备小型舰艇，后者主要装备于驱逐舰或护卫舰，用于防空和打击海上或岸上中小目标。

■ 研制历程

　　意大利是世界老牌海军强国，二战后，其海军仍是北约与欧盟在地中海防区的重要力量，其各类舰艇与装备的火炮，其实也都是首屈一指的。其中世界有名的火炮，就包括20世纪60年代末奥托·梅莱拉公司生产的76毫米/127毫米两款紧凑型高平两用舰炮。

　　"奥托"76毫米舰炮为全自动高平两用型，在炮管中部装有排烟筒和身管温度传感器，保障炮膛内清洁；内外管通带采用套管冷却水。供弹系统有液压动力装置，结构紧凑，重量轻，适装性好，自动化程度高，反应快，精度与可靠性高，综合作战能力强。

　　127毫米舰炮结构与76毫米类似，但该火炮由扬弹机供弹，还有一套吹气装置，可吹除炮管内火药燃烧残渣，具有结构紧凑、射速高、可靠性好、储弹量大的特点。

基本参数（76毫米）

口径	76毫米
总重	7500千克
全长	7.28米
有效射程	9千米
最大射程	20千米 / 30千米
炮口初速	914米~925米 / 秒

■ 服役使用

　　"奥托"紧凑型76毫米舰炮堪称现代海军中口径舰炮的典范，1969年定型生产后，就开始装备于意大利海军。之后出口到美国、德国等40多个国家或地区。主要装备小型舰艇，用于拦截导弹、飞机和攻击快速舰艇。127毫米舰炮1972年年初开始装备，并先后出口阿根廷、伊拉克、日本、尼日利亚、委内瑞拉等国家。主要装备于驱逐舰或护卫舰上，用于防空和打击海上或岸上中小型目标。

▲ "奥托"紧凑型 76 毫米舰炮射击

知识链接 >>

奥托·梅莱拉公司是意大利著名的武器制造商，成立于 1905 年，主要工厂在布雷西亚及拉斯佩齐亚。从一战、二战直至现在生产了许多著名的军备，如战列舰的重机枪、火炮等。其中著名的有公羊主战坦克、76 毫米 /127 毫米系列舰炮、达多步兵战车、"半人马座"轮式装甲车等。如今他们和依维柯·菲亚特公司合并，形成集团公司——依维柯·菲亚特 – 奥托·梅莱拉集团。

B1 CENTAURO

B1 "半人马座" 105毫米自行反坦克炮
（意大利）

■ 简要介绍

B1"半人马座"105毫米自行反坦克炮是意大利依维柯·菲亚特公司1985年为意大利陆军研制的口径为105毫米的自行式反坦克炮。1989年开始生产，装备意大利陆军，可以提供快速、机动的反坦克火力。

■ 研制历程

20世纪80年代，各国自行反坦克炮发展迅速。意大利也从1985年开始，由依维柯·菲亚特公司为意陆军研制出了口径为105毫米的自行式反坦克炮，1989年定型为B1"半人马座"。

B1"半人马座"105毫米自行反坦克炮装有52倍口径火炮，该炮采用自紧工艺制造，装有高效多折流板炮口制退器和新型反后坐装置、抽气装置和热护套。火炮采用立楔式炮闩，当空弹壳退出时，炮闩自动打开以备再次装填，并有炮口校正装置。该炮可发射包括尾翼稳定脱壳穿甲弹在内的北约制式坦克炮弹药。炮塔的旋转和火炮身管的俯仰为电液式，留有手动应急操纵装置。采用伽利略公司的火控系统，包括车长和炮长用的瞄准具、数字式弹道计算机、炮口校正装置、各种传感器，以及车长、炮长和装填手的显示面板。

基本参数

口径	105毫米
总重	22000千克
最大射程	1.7千米
炮口初速	1480米/秒
最大射速	10发/分
高低射界	−6°至+15°
方向射界	360°

■ 服役表现

B1"半人马座"自行反坦克炮从1989年开始装备于意大利陆军。该火炮由于装有大口径加农炮而具有了强大的火力，再加上其轮式底盘，最大速度108千米/小时，最大行程为800千米，表现出优秀的公路机动性和较好的越野机动性，它能够独立遂行侦察和反坦克作战任务，故被人们称为"轮式坦克"。

知识链接 >>

1998年，依维柯·菲亚特—奥托·梅莱拉集团开始自筹资金研制一种火力更强大的"半人马座"。这种新车型取消了原车型的105毫米线膛炮，取而代之的是一种120毫米滑膛坦克炮。

▲ B1 "半人马座" 105 毫米自行反坦克炮

K30 BIHO

"飞虎" 双管 30 毫米自行高炮 （韩国）

■ 简要介绍

　　"飞虎"双管 30 毫米自行高炮是韩国大宇重工于 1983 年开始研制的自行防空火炮，经过 10 多年的不断试验和改进，于 1999 年完成性能测试并交付韩国陆军。该火炮系统主要担负韩国陆军的低空防御任务，与"天马"防空导弹系统一起构成低空防御网。

■ 研制历程

　　冷战末期，韩国开始推进国防自主政策，大量引进技术和自主开发武器项目，其中在 1983 年时启动了"飞虎"计划，作为韩国首个自主完成研制计划的较大武器系统。由于韩国缺乏经验，直到 1992 年才完成发射试验，1999 年通过了性能测试。

　　"飞虎"双管 30 毫米自行高炮最先进之处，是采用美国雷锡恩公司提供的电子 / 光学跟踪系统。该系统由一个第二代前视红外传感器和一个高性能的电视传感器组成，其中的激光测距机重复频率高，并且对人的眼睛没有伤害，自动化双模跟踪装置用于锁定飞行的低空目标，能够使"飞虎"具备截获并追踪空中目标的能力。

基本参数	
口径	30毫米
总重	25000千克
最大射程	3千米
射速	2×600发 / 分
探测距离	17千米
跟踪距离	7千米

■ 服役作用

　　1999 年 12 月，"飞虎"双管 30 毫米自行高炮开始交付韩国陆军。该火炮系统与韩国的"天马"防空导弹系统一起构成低空防御网。而且以"飞虎"等一批韩国自主武器项目为代表的军事科研活动，也从此带动了整个韩国军工科技的发展和壮大。

▲ "飞虎"双管 30 毫米自行高炮开火瞬间

知识链接 >>

　　韩国在推行防务自主过程中，十分重视武器装备的自主开发，特别是其针对本国特点开发的"天马"防空导弹与"飞虎"高炮系统，性能十分优异，两者在近程防空中高低搭配，被外界称为韩国野战防空"双雄"。"飞虎"双管 30 毫米自行高炮系统，作为韩国首个自主开发的武器系统，无论发展过程还是基本性能，都反映出了韩国争取国防自主的军事战略，堪称其"自主品牌第一炮"。

K9 "霹雳" 155 毫米自行榴弹炮 （韩国）

■ 简要介绍

K9 "霹雳" （又称 "雷火" ） 155 毫米自行榴弹炮是韩国三星特克温公司防务规划分部，为满足韩国陆军对补充本国组装的 155 毫米联合防务公司 M109A2 系列自行榴弹炮大型编队的需求，于 1994 年开始研发的 155 毫米52 倍口径自行火炮系统。1999 年定型后量产，主要装备韩国，并出口土耳其。

■ 研制历程

1989 年 7 月，韩国国防部提出了研制新型 52 倍口径的 155 毫米自行榴弹炮，试图在纵深火力支援上，具有与朝鲜陆军强大的炮兵相抗衡的能力，能够达到 "以质量上的优势换取数量上的差距" 的目的。

1989 年，韩国防卫发展局为满足韩国陆军对补充本国组装的 155 毫米联合防务公司 M109A2 系列自行榴弹炮大型编队的需求，开始进行新型自行榴弹炮的研制工作。要求包括提高射速、射程、射击精度及缩短行军 / 战斗与战斗 / 行军转换时间以及高机动性等。所有这些将使武器系统的战场生存能力大大提高。1998 年，最终定型 K9 "霹雳" 自行榴弹炮并量产。

基本参数

基本参数	
口径	155毫米
总重	46300千克
最大初速	924 米 / 秒
最大射程	40.7 千米
最大速度	65千米 / 小时（公路）
最大行程	500千米（公路）

■ 作战性能

K9 "霹雳" 155 毫米自行榴弹炮的标准设备，包括计算机化车载火控系统，能够实现 "同时弹着" 功能，一次可向目标发射 3 发炮弹，在一分钟内最多可发射 6 至 8 发炮弹，连续发射时为每分钟 2 至 3 发，进入战斗后 60 秒钟内即可开火。该火炮系统后部上方装有炮口初速雷达，可将相关数据提供给车载火控计算机。

知识链接 >>

K9"霹雳"155毫米自行榴弹炮从1999年量产后，开始装备韩国陆军。2015年，已组建了第一个炮兵营，包括3个炮兵连，每个连装备6门K9式自行榴弹炮。

▲ K9"霹雳"155毫米自行榴弹炮

BOFORS GUN

"博福斯"40 毫米高射炮（瑞典）

■ 简要介绍

"博福斯"40 毫米高射炮是瑞典博福斯公司研制的口径 40 毫米的系列牵引式高射炮。二战前开始共有三代，分别是 1928 年开始研制的 M / 36L / 60 式、1951 年研制的 L / 70 式和 20 世纪 70 年代研制的 L / 70 改进型"博菲"。它们均用于射击低空飞机、巡航导弹、地面目标和水面目标，掩护地面部队和重要设施。

■ 研制历程

1928 年，瑞典博福斯公司开始研制口径 40 毫米的牵引式高射炮，1933 年问世，定名为 M / 36L / 60 式，从此成为瑞典 40 毫米高射炮第一代产品。

1945 年，博福斯公司又开始研制 40 毫米高射炮的第二代产品，1951 年定型为 L / 70 型。该炮有单管、双管多种变型炮，还可作为舰炮使用。

20 世纪 70 年代，博福斯公司又研制"博菲"光电火控系统，1974 年研制近炸引信预制破片榴弹，同时进行 L / 70 式自动炮改进工作。70 年代中期完成了全天候型"博菲"40 毫米高射炮研制工作，1976 年开始批量生产。加装跟踪雷达后，成为全天候新"博菲"40 毫米高射炮，1979 年开始投产，即为"博福斯"的第三代产品。

基本参数	
口径	40毫米
总重	5700千克
最大初速	1025米／秒
最大射程	3.7千米
有效射高	2.3千米
高低射界	−4°至+90°

■ 服役使用

"博福斯"L / 60 炮由两名炮手供弹，两名炮手完成高低和方向瞄准操作。安装动力瞄准机构，配用激光测距机、计算机瞄准具、光学目标指示器等，既可动力瞄准，也可手动瞄准。提高了瞄准速度和精度，具有准备战斗时间短、射击精度高、抗干扰能力强等优点。

知识链接 >>

　　"博福斯"M/36L/60式于1937年装备于瑞典陆军，是第二次世界大战以来主要的中型地面防空武器之一，多为同盟国军队使用，但轴心国也广泛运用。用于射击低空飞机、巡航导弹、地面目标和水面目标，掩护地面部队和重要设施。

▲ 美国海军配用的"博福斯"40毫米高射炮

FH-77 式 155 毫米榴弹炮 （瑞典）

■ 简要介绍

　　FH-77 式 155 毫米榴弹炮是瑞典博福斯公司 20 世纪 70 年代以来研制的一系列 155 毫米榴弹炮，主要包括 FH-77A 式、FH-77B 式和 FH-77BW（又称"弓箭手"）三型。该炮主要用于为野战部队提供火力支援，尤其"弓箭手"被视为具有自主作战能力、纵深精确打击能力、快速反应能力的瑞典下一代自行火炮。

■ 研制历程

　　1970 年，瑞典博福斯公司在之前的 4140 式 105 毫米榴弹炮的基础上，开始研制更大口径的 155 毫米牵引式榴弹炮。1977 年，又在此基础上改进了牵引车的遥控装置，于是原型称为 FH-77A 式，后来改进者则称为 FH-77B 式。

　　在出口过程中，为适应新的作战形势，博福斯公司又在 FH-77B 的基础上，采用沃尔沃 A30D 式铰接式卡车底盘，推出更新型的 FH-77BW 型自行榴弹炮，俗称"弓箭手"。

基本参数	
口径	155 毫米
战斗状态全重	11910 千克
持续射速	6 发 / 分
急促射速	3 发 / 12 秒
最大射程	24 千米~30 千米
炮班人数	6 人

■ 作战性能

　　FH-77 式身管的前端装有一个小侧孔反冲式炮口制退器，炮尾机构配用向下开闩的半自动立楔式炮闩，击发机为电动机械式。该炮以液压驱动方式进行高低和方向瞄准，因此它没有一般火炮所采用的高低轨机械传动装置、高低轨和方向机手轮。在瞄准手座位的前方，还装有 RIA 电子自动瞄准装置，由控制显示器、PKD-6 式伺眼控制周视瞄准镜和直瞄镜组成。

知识链接 >>

1894 年，瑞典著名化学家阿尔弗雷德·贝恩哈德·诺贝尔收购了博福斯-古尔斯邦公司，并将其更名为博福斯公司，主要制造钢铁和炸药。在诺贝尔的苦心经营下，博福斯公司逐步壮大，开始生产多种武器并向国外出口，使得博福斯这个古老的北欧小镇借此扬名于天下。

▲ FH-77 式 155 毫米榴弹炮

FH-77BW 自行榴弹炮（瑞典）

◼ 简要介绍

　　FH-77BW 自行榴弹炮由瑞典博福斯公司在 FH-77B 式 155 毫米榴弹炮基础上研制而成，采用沃尔沃 A30D 式 6×6 铰接式卡车底盘、52 倍口径 155 毫米身管火炮，是具有自主作战能力、纵深精确打击能力、快速反应能力的瑞典新一代自行火炮。

◼ 研制历程

　　从 1978 年到 1984 年，瑞典陆军共接收了博福斯公司交付的 200 门 FH-77A 牵引火炮，装备其旅炮兵营，每旅有一个 18 门火炮的炮兵营。博福斯公司生产的 FH-77A 式自行榴弹炮，便是 FH-77BW 的雏形。

　　为了适应国际市场的需要，博福斯公司后来在 FH-77A 的基础上又研制了 FH-77B。该火炮装有辅助动力推进系统，从而使该炮成为 20 世纪 90 年代初少有的自助式牵引火炮。但该炮存在诸多问题，如火炮尺寸和重量较大，输弹系统比较复杂和火炮的维修工作量大等。为更好地解决上述问题，2004 年博福斯防务公司开始对 FH-77BW 155 毫米自行榴弹炮进行研制。

基本参数

口径	155毫米
总重	26000千克
射程	40千米~64千米
最大射速	12发/分
最大速度	75千米/小时
最大行程	500千米

◼ 实战表现

　　FH-77BW 采用高度集成的目标捕获系统，来获取高精度目标信息，计算机系统可进行各种弹道计算，能实现全自主作战。FH-77BW 具有快速反应能力，3 ~ 4 名乘员可在 30 秒内完成火炮部署，能够在收到射击命令后迅速攻击目标，其装弹、瞄准和射击都可遥控完成，最大发射速度是 12 秒内发射 3 发炮弹，全部 20 发待发弹可在 2.5 分钟内全部射出。

FH-77BW 自行榴弹炮开火瞬间

知识链接 >>

FH-77BW 若采用常规底排弹，射程则为 40 千米，若使用 XM-982 "亚瑟王神剑"制导炮弹，射程则可达 64 千米。另外，系统还具备 6 发同时弹着能力，并携带有足够的弹药供作战周期内使用。它的简化和优化后的操作系统，缩短了系统的训练时间，提高了系统作战耐久性。它的指挥系统充分考虑了火炮与目标的相对位置和距离、射击有效性、炮弹选择以及发射机构的战术威胁等因素。

ADVANCED MORTAR SYSTEM

"阿莫斯" 120 毫米双管自行迫击炮

（瑞典 / 芬兰）

■ 简要介绍

　　"阿莫斯"120 毫米双管自行迫击炮由瑞典和芬兰联合研发，1999 年投产，2000 年首先装备芬兰陆军。作为世界上第一种正式列装的炮塔多联装自行迫击炮，"阿莫斯"具有射速高、防护性好、快速反应能力强、携弹量大和全向射击等优点，为迫击炮的发展开拓了新途径。

■ 研制历程

　　20 世纪 90 年代初，瑞典赫格隆茨车辆公司在俄罗斯"诺娜"120 毫米系列自行迫榴炮和奥地利 SM-4 式 120 毫米四管自行迫击炮的启示下，提出研制类似的自行迫击炮。1995 年春，瑞典赫格隆茨车辆公司和芬兰帕特里亚公司开始了一项联合研制计划，为丹麦、芬兰、挪威和瑞典研制一种 120 毫米炮塔式双管自行迫击炮，即"阿莫斯"120 毫米双管自行迫击炮。

　　1997 年 6 月，两家公司正式签订共同研制"阿莫斯"的合约，前者主要负责炮塔，后者负责 120 毫米双管迫击炮和装填系统。1997 年中期，两家公司研制出 2 门样炮供军方试验。

基本参数

口径	120 毫米
总重	24000 千克
最大射程	13 千米
最大射速	26 发 / 分
最大初速	443 米 / 秒

■ 作战性能

　　"阿莫斯"采用双管联装的 120 毫米自行迫击炮，它由两管 120 毫米滑膛迫击炮、封闭式炮塔、炮载火控系统和轮式 / 履带式装甲车底盘组成。两炮管共用一个摇架，但配有独立的反后坐装置，可单管射击。两个炮管之间装有一个抽烟器。炮弹都装在可回收利用的短管式封闭容器中，这为直瞄射击提供了便利，使炮管无论处于任何高低角下，都可保证对炮弹进行准确定位。

知识链接 >>

　　北欧国家长期装备的牵引式120毫米迫击炮，射击时炮手完全暴露在外，而且炮弹速度慢、弹道高，极容易被敌方炮兵侦测雷达发现，并招致火力打击。此外，火炮的展开、撤收费时费力，机动转移困难。因此北欧国家感觉必须研制一种新型迫击炮，满足未来的步兵作战需求，于是"阿莫斯"应运而生。

▲ "阿莫斯" 120毫米双管自行迫击炮

"达纳" 152毫米自行榴弹炮
（捷克斯洛伐克）

■ 简要介绍

"达纳" 152毫米自行榴弹炮是捷克斯洛伐克20世纪80年代初的一种8×8轮式自行榴弹炮，它是一种设计独具匠心的世界上为数不多的、以轮式车辆做底盘的大口径自行火炮之一。之后"达纳"还有两种改进型和多种变型车。

■ 研制历程

从20世纪从70年代末起，捷克斯洛伐克开始自行研制自行榴弹炮。通常，自行榴弹炮都是采用履带式车辆的底盘，它的越野性能好，便于机动作战。而捷克斯洛伐克由于汽车工业比较发达，且公路网形成较快，因此标新立异，选用了轮式底盘作为自行榴弹炮的炮架。

1980年，这种新式榴弹炮定型为"达纳" 152毫米自行榴弹炮，由捷克斯洛伐克的ZTS兵工厂开始生产。后为了增强火力，"达纳"有ShKH "昂达瓦" 152毫米、"祖扎纳" 155毫米两种改进型。

基本参数	
口径	152毫米
总重	29250千克
最大射程	28.23千米
炮口初速	717米/秒
最大射速	5发/分
高低射界	-4° 至 +70°

■ 服役使用

"达纳" 152毫米榴弹炮的炮塔由正、倒两个棱锥台构成，整个炮塔像坐落在凹坑里一样，炮塔座圈的高度显得很低，具有很好的弹道防护性能。152毫米榴弹炮安装在炮塔中央的纵向开口内，以增大火炮的高低射界。该炮可发射榴弹、破甲弹和火箭增程弹等。炮弹用自动装弹机装填；辅助武器为1挺NSV型12.7毫米高射机枪，用于对空防御。

知识链接 >>

捷克斯洛伐克是个工业比较发达的国家，早在20世纪20年代就具有生产坦克的能力。而在"达纳"之后，各国陆军在转型的军事变革新形势下，轮式装甲战车的发展成为陆军武器发展的重中之重，其发展速度比履带式装甲车辆更快。长远来看，捷克斯洛伐克的这种选择是一种明智而有远见的选择。

▲ "达纳" 152 毫米自行榴弹炮

RM70

RM70 式 122 毫米火箭炮

（捷克斯洛伐克）

■ 简要介绍

RM70 式 122 毫米火箭炮是捷克斯洛伐克国营兵工厂于 20 世纪 70 年代初生产的一种 122 毫米 40 管自行火箭炮，西方称之为 M1972 式火箭炮。该炮于 1972 年开始装备捷克斯洛伐克摩托化步兵师和坦克师属火箭炮营，当时的民主德国和利比亚也装备了此种火箭炮。

■ 研制历程

20 世纪 70 年代末，捷克斯洛伐克国营兵工厂在苏联 BM–21 式多管火箭炮基础上加以改进，将 BM–21 的发射装置安装在捷克斯洛伐克太脱拉 813（8×8）卡车后部；同时其他性能数据也有所变化，便成为 RM70 式 122 毫米 40 管自行火箭炮。

20 世纪 80 年代，捷克斯洛伐克还推出了 RM70 第二代产品 RM70 / 85 式火箭炮。2001 年，斯洛伐克国防部与德国迪尔弹药系统公司签订合同，按照"现代化火箭炮计划"，将 RM70 式火箭炮系统改造成为一种现代化火箭炮系统，研制工作于 2004 年 5 月结束，该产品最终定名为 RM70 MORAK 现代化火箭炮系统。

基本参数	
口径	122毫米
总重	24000千克
最大射程	20.38千米
炮口初速	690米／秒
高低射界	0°至 +50°
方向射界	240°

■ 作战性能

RM70 式 122 毫米 40 管自行火箭炮装弹迅速、装甲防护和越野机动性好。发射装置为发射管束式，共 4 层，每层 10 管；车上备有 40 发备用弹和装填机可自动装弹。RM70 火箭炮采用"太脱拉"系列卡车底盘。乘员有装甲防护，车体的前部还装有推土铲，用于准备发射阵地和清除障碍等，其配装的新的低矮型全装甲防护驾驶舱，极大地提高了战场生存能力。

▲ RM70式122毫米火箭炮发射瞬间

多管火箭炮火力迅猛，素有"钢铁暴雨"的美誉。近些年，利用高新技术对老装备进行升级改造，是许多国家实现火炮现代化的重要途径。这样不仅可以延长武器系统服役期限、解决资金短缺的问题，同时也解决了为适应新的作战要求而研制新型现代化武器系统所带来的研制周期长、远水解不了近渴的问题。

OERLIKON KBA
"厄利孔"系列机炮（瑞士）

■ 简要介绍

大概没有一种机炮能比得上瑞士厄利孔－比尔公司（现厄利孔－康特拉夫斯公司）研制的系列机炮在二战中的地位。这家瑞士公司设计的 20 毫米机关炮及其众多的各国衍生品在 20 世纪 30 年代中后期纷纷被法国、德国、英国和美国及日本等主要参战国采用，构成了开战初期直到中期的各国空军主要机炮力量。总计约 30 余个国家在战时采用了厄利孔公司的产品，从北非的炎热沙漠到广袤的太平洋，处处可见瑞士人的精心杰作。

■ 研制历程

二战后，厄利孔－比尔公司专营地面防空武器系统和中口径速射炮及其弹药。其 20 毫米机关炮逐渐退役，又发展了几种新型航空机炮和舰炮，主要包括"厄利孔"KCA 型 30 毫米、KAA / KAD / KBA 型 25 毫米航空机炮和 35 / 1000 多用途机炮。20 世纪 90 年代，则推出了"厄利孔" 35 / 1000 型 35 毫米飞机 / 舰艇多用途机炮。目前，厄利孔－康特拉夫斯公司在其传统的小口径防空炮领域仍处于世界领先地位。

基本参数（35毫米双管高射炮）

口径	35毫米
有效射高	3千米
有效射程	4千米
炮口初速	1175米 / 秒
理论射速	1100发 / 分

■ 作战性能

"厄利孔"供弹方式为弹链弹带供弹，装弹方式为飞机提供的压缩空气装弹，标准型机炮从右边供弹。KCA 型机炮采用的新炮弹弹丸比大多数同一口径的航空机炮炮弹的弹丸重，

知识链接 >>

目前，"厄利孔"KCA 型 30
毫米炮已经停止生产，但仍在瑞典皇家
空军服役。KAA / KAD / KBA 系列 25 毫米机
炮多种型号的直升机射击武器装置已大量
投产，并装备于英国的"山猫"、意大
利的 AB412 等武装直升机。

▲ "厄利孔"系列机炮

SKYSHIELD

"天盾"35 "阿海德" 弹炮结合防空武器系统

（瑞士）

■ 简要介绍

"天盾"35"阿海德"是由瑞士莱茵金属DeTec 集团厄利孔－康特拉夫斯分公司于20世纪90年代开发生产的先进的弹炮结合防空武器系统。该系统采用小型、轻型和紧凑型设计，主要用于攻击飞机和直升机，还可以攻击巡航导弹、遥控飞行器和精确制导炮弹等多种目标。

■ 研制历程

20世纪90年代，许多国家都吸取美军在伊拉克、阿富汗战争中的经验，将指挥所、兵力集结地等均建设成高度机动性设施。对这种高度机动性的高价值目标的最有效防御，就是采用高低搭配、远近结合的方式，要求在这一防御结构中，对接近目标至少可以实现2至4次拦截，几乎包括所有亚声速飞行目标，尤其可防御来自小型大批量生产、低成本低空飞行目标的威胁。

因此，建立新型的对空防御系统至关重要，引起了各国的重视。瑞士莱茵金属 DeTec 集团厄利孔－康特拉夫斯分公司采用小型、轻型和紧凑型设计，开始研发"天盾"35"阿海德"弹炮结合防空武器系统，1994年完成了样车研制，随后经过测试后投入生产。

基本参数

基本参数	
口径	35毫米
最大射程	4千米

■ 作战性能

"天盾"35"阿海德"弹炮结合防空武器系统主要由一部"阿达茨"地空导弹发射装置和射击单元、模块化火控装置指挥方舱组成。其射击单元主要组成部分是2门35/1000自动转膛炮，携带228发炮弹，可供射击20个目标使用。其使用的35毫米"阿海德"空爆弹内装152颗子弹药，通过精确编程的时间引信引爆后，形成极具杀伤威力的破片云，确保对预定的目标位置进行饱和攻击。

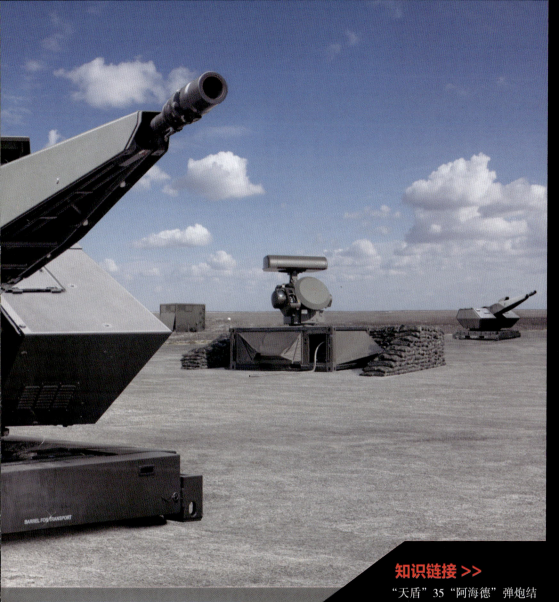

知识链接 >>

  "天盾"35"阿海德"弹炮结合防空武器系统的交战区域在4千米内，加上导弹能达到10千米外。整套系统从目标探测到开火的反应时间不到5秒，可由2辆自带起重设备的高机动卡车或者直升机进行快速部署，部署阵地十分方便，可在地面、楼顶、钻井平台以及重点防御目标的顶部。

▲ "天盾"35"阿海德"弹炮结合防空武器系统

COBRA MORTAR SYSTEM

"眼镜蛇" 120 毫米自动迫击炮（瑞士）

■ 简要介绍

"眼镜蛇" 120 毫米自动迫击炮是瑞士 RUAG 防御公司研发的一款外表酷炫、性能技术先进的迫击炮，该项目于 2015 年提出，现在已交付瑞士军队使用。该炮在国际军火市场上也很受关注，被称为"充满未来主义风格的梦幻火炮"。

■ 研制历程

2015 年，瑞士 RUAG 防御公司以通用动力欧洲地面系统公司（GDELS）"食人鱼"3 型装甲车底盘为基础，正式提出开发可以使用任何现有的 120 毫米炮弹的"眼镜蛇"自动迫击炮项目。

"眼镜蛇"自动迫击炮是以转盘、武器和控制装置的形式组装成单一结构，该模块体积紧凑先进，可以安装在各种轮式和履带式装甲车平台上，能保证在射击后立刻转移阵地。而且战斗模块只需要三人，紧急情况下只要一名炮手和一名装填手就能顺畅地射击。

2016 年 5 月，"眼镜蛇"的样炮进行了射击测试，瑞士军队对这个项目很感兴趣。2019 年 4 月初，瑞士军方宣布将签署供应"眼镜蛇"自行迫击炮的合同，共计采购 32 门 120 毫米自行迫击炮。

基本参数

基本参数	
口径	120毫米
炮长	2米
总重	1350千克
装甲车总重	35000千克
射程	7千米～9千米

■ 作战性能

该炮可以使用任何现役的无制导和制导的 120 毫米迫击炮弹，采用半自动装弹机系统，有多种射击模式，特别是 MRSI 模式。在迫击炮弹附近工作的装弹装置活动部分装有防护罩。也可根据客户的要求去掉半自动装弹机系统，但可以保留其他性能。火控系统包括卫星导航、弹道计算机和瞄准控制装置。火控系统连接到通信和控制设备，方便目标指令的接收和目标数据的处理。

知识链接 >>

国际上的 120 毫米自动迫击炮一直有着激烈的竞争，目前对于提升迫击炮的精度和自动化程度，许多国家仍然持保守态度。因为迫击炮本身就是一种使用成本低、简单可靠、便于运输的炮种；而提升自动化水平，价格自然会高上去，大规模列装则更"烧钱"，就违背了它本来的特性，这是许多国家仍然顾忌的地方。

▲ 内置在装甲车中的"眼镜蛇"120 毫米自动迫击炮

G6 HOWITZER

G6 自行加榴炮（南非）

■ 简要介绍

G6 加榴炮是南非国家武器公司 20 世纪 70 年代后期至 80 年代研制的一种先进的 155 毫米自行加农榴弹炮，该炮为机械化步兵提供火力支援，主要在远程用原地射击的方式打击敌人的纵深目标。除了南非外，阿联酋、阿曼等国也有装备，智利获许生产。

■ 研制历程

南非是非洲第一军事大国，其"号角"主战坦克、无人机、导弹、轻武器等在世界上都非常有名，而其中最著名的，则当属 G6 轮式自行榴弹炮。该炮在 20 世纪 70 年代后期开始研制，1981 年研制出第一门样炮，1988 年定型投产。

G6 型 155 毫米加榴炮采用自紧身管，长身管的火炮和先进的弹药相结合使它成为当前同类火炮中射程最远的。并且装有抽烟装置，炮口有蘑菇形制退器，炮塔可全方位旋转；还装备有电子初速测定仪、激光测距机、炮口基准装置、半自动装填系统和先进的射击控制系统等。该炮配备 M57 系列远程全膛弹，此外，还有一种新研制的子母弹，内装 56 个杀伤 / 反装甲弹头。而其最大的特点是采用轮式装甲车底盘，有效保证了其机动性。

基本参数

口径	155毫米
总重	46000千克
最大射程	30.8千米
炮口初速	897米 / 秒
最大速度	90千米 / 小时
最大行程	700千米

■ 测试表现

2006 年 4 月，南非在海拔 1000 米、温度达 50 摄氏度的阿尔坎特潘试验靶场，进行了改进型 G6-52L 式 155 毫米自行榴弹炮的最新试验，结果该炮发射增速远程弹时，创下了 155 毫米身管火炮射程的新纪录——75 千米！而且射程概率误差为 0.38%，方向概率误差为 0.58 密位，炮弹初速为 1030 米 / 秒。

知识链接 >>

在世界大口径自行榴弹炮中，绝大多数都采用履带式车辆底盘，而G6却选择了轮式。因为对于南非的沙漠平原地形，以及高速长途行军的作战要求而言，轮式更具优势。轮式战车在可靠性、耐久性和可维修性上，也比履带式略胜一筹。G6重量位列世界火炮前茅，竟只用6×6的底盘，这般技术，实在令人叹服！

▲ G6 自行加榴炮

ASTRUS II ROCKET

"阿斯特罗斯" Ⅱ型火箭炮（巴西）

■ 简要介绍

  "阿斯特罗斯" Ⅱ型火箭炮是巴西阿维布拉斯宇航工业公司研制的自行式火箭炮。可配用 3 种发射箱，配备 8 种弹头和高精度投放系统，能够攻击 9 千米～60 千米纵深内的炮阵地和群集目标，从而提供最佳的目标火力覆盖功能。

■ 研制历程

  巴西地处南美洲东部，国土辽阔，经济落后，长期受葡萄牙殖民统治，二战以后又受美国控制，陆海空三军的兵力只有 28 万人，几乎全部主要武器装备都从美国进口。为了改变这种状况，巴西阿维布拉斯航空工业 公司从 1960 年以来，就积极研究设计较简便的火箭和火箭炮。

  20 世纪 70 年代后期，巴西已经在这些简易武器的基础上发展出一种炮兵饱和射击火箭系统——"阿斯特罗斯"多管火箭炮。1983 年制成样品后经过大量试验，最后正式定型生产并装备陆军的火箭炮部队。

基本参数	
口径	127毫米～300毫米
最大弹重	517千克
炮管长度	3.9米
最大弹长	5.2米
最大射程	60千米

■ 实战表现

  "阿斯特罗斯" Ⅱ型多功能火箭发射系统由发射装置、运载车、射击指挥系统和弹药车组成。它的发射装置，采用活动组件式的箱式模块结构，可以选用 3 种不同规格的发射箱：32 管 127 毫米火箭发射箱；16 管 180 毫米火箭发射箱；4 管 300 毫米火箭发射箱。并且可以发射 8 种装有不同弹头的各种口径的火箭弹。装填时，用液压起重机卸下空箱，再将装满弹的发射箱装在发射架上。

知识链接 >>

实战证明，"阿斯特罗斯"Ⅱ的大多数性能是独一无二的。例如，同一发射架上能够发射不同的火箭弹，能够对9到90千米纵深的目标实施大规模火力投放，展现了完美的目标区域覆盖性和无可比拟的精确性。尤其发射架、弹药补给车、移动工作台、火控系统都采用同一汽车底盘，提高了整体互换性。

▲ "阿斯特罗斯"Ⅱ型火箭炮

SSPH PRIMUS

"普赖默斯"自行榴弹炮（新加坡）

■ 简要介绍

　　"普赖默斯"自行榴弹炮是 20 世纪 90 年代由新加坡武装部队、国防科技局和新加坡技术动力公司三方联合研发的新型 155 毫米 39 倍口径自行榴弹炮，它集射程、火力和精度于一体，是能够伴随装甲部队进行快节奏作战的第一种全履带式自行榴弹炮系统，2003 年开始入装新加坡军队。

■ 研制历程

　　20 世纪 90 年代初，新加坡陆军提出需要一种集射程、火力和精度于一体，并可伴随装甲部队进行快节奏作战的自行榴弹炮，以满足特种作战需求，增强合成部队作战能力。

　　为此，新加坡武装部队、国防科技局和新加坡技术动力公司三方联合研发了第一种全履带式自行榴弹炮，正式定型后命名为 SSPH1 "普赖默斯"（拉丁文 Primus，"第一"之义），取自炮兵部队的拉丁文训言——"In Oriente Primus"，即"东方第一"。

基本参数

重量	28300 千克
载员	4 人（车长、驾驶员、装填手和弹药手）
口径	155 毫米 39 倍径，155 毫米北约炮弹
主武器	155 毫米榴弹炮
副武器	1 挺 7.62 毫米机枪
射速	6 发 / 分
最大射程	30 千米
发动机	DDC 6V 92TA 柴油机，550 匹马力
速度	50 千米 / 小时

■ 技术特点

　　"普赖默斯"自行榴弹炮的特点：一是配用了炮载惯性导航系统（INS）和弹道计算软件，能够对自身的位置坐标和射击方向进行随机修正，从而使该炮在确定火炮阵地位置和计算射击诸元方面具备自主作战能力；二是配用了指挥控制信息系统（CCIS），使该炮能够将自身的阵地信息传递给作战地区内的其他"普赖默斯"榴弹炮；三是每门榴弹炮都和相关的连指挥所相联通。

知识链接 >>

　　"普赖默斯"155毫米自行榴弹炮自诞生之日起，就展现出反应速度快、自动化程度高、射程远、火力猛、机动能力强等优点，在世界火炮家族中熠熠生辉。在1997年的科威特陆军自行火炮投标中，它成功击败了美欧竞争者，赢得合同。后更因表现出色，2001年又获科威特的追加订单。

▲ "普赖默斯"自行榴弹炮静态展示

IDF L-33 ROEM

L-33 式 155 毫米自行火炮/榴弹炮 （以色列）

■ 简要介绍

　　L-33 式 155 毫米自行火炮/榴弹炮是以色列索尔塔姆有限公司在 20 世纪 50 年代后期发展的一种自行火炮，是以 M4A3E8 型坦克底盘为基础改制而成，车上装有 1 个全焊接的炮塔和 1 门索尔塔姆 155 毫米 M68 式火炮/榴弹炮。该自行火炮/榴弹炮 1973 年服役并于当年中东战争中使用。

■ 研制历程

　　以色列建国后，重型火炮的来源主要为美国的 M114 榴弹炮与法国的 M-50 式 155 毫米榴弹炮。由于性能上逐渐无法与周边国家的苏联火炮相比，因此以色列于 1968 年以法国的 M-50 榴弹炮为蓝本增长炮管为 33 倍径，以及安装炮口制退器降低增长炮管之后所增加的后坐力影响，另外还安装了气压运作的半自动进弹机提高射速。整个改良计划在 1970 年完成，推出了以色列第一款自制的榴弹炮——M68 式 155 毫米火炮/榴弹炮。

　　此后，以色列为满足陆军的需求，又在 M68 的基础上，将这种火炮安装在 M4A3E8 型坦克底盘上，改造出了新型的 L-33 式 155 毫米自行火炮/榴弹炮。

基本参数	
口径	155毫米
总重	41500千克
最大射程	21千米
炮口初速	725米/秒
高低射界	-4° 至 +52°
水平射界	左右各30°

■ 实战表现

　　L-33 自行火炮/榴弹炮是在 M4A3E8 型坦克底盘后部安装了标准的索尔塔姆系统 155 毫米 M68 火炮/榴弹炮的改进版，在行进时火炮由行军锁固定在车体前上装甲板上。其 155 毫米火炮可发射单独装填的弹药，包括高爆弹、烟幕弹和照明弹，非助飞弹药的最大射程为 20000 米。除了 60 发炮弹外，还运载 16 枚备用。

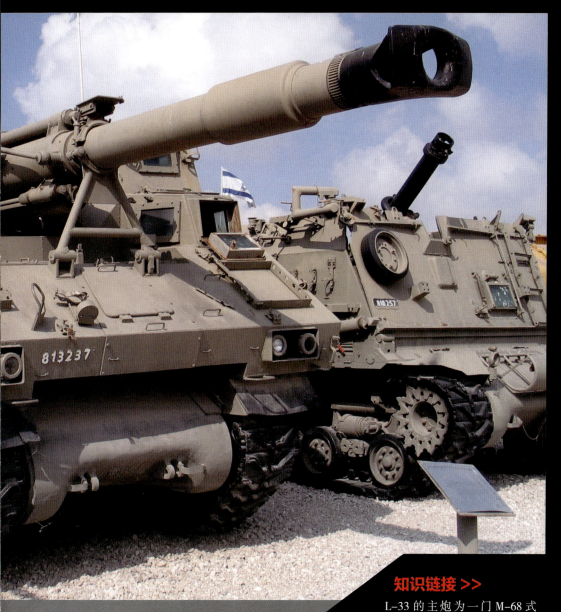

知识链接 >>

L-33 的主炮为一门 M-68 式 155 毫米榴弹炮，M-68 式榴弹炮原本采用 39 倍径炮管，因为安装到坦克底盘上需要平衡后坐力等问题，设计师将火炮身管倍径降为 33 倍，这也是自行火炮 L-33 的由来。这种改装虽然成功将火炮装到 M4 底盘上，但也造成大炮射程下降的问题。

▲ L-33 式 155 毫米自行火炮 / 榴弹炮

ATMOS

ATMOS 2000 型自行火炮系统（以色列）

■ 简要介绍

新型 ATMOS 2000 型自行火炮系统，总重量 22000 千克，可搭载在一架 C−130 "大力神" 运输机运输，不需要重型运输机，就能远距离空运部署。

■ 研制历程

ATMOS 2000 型火炮系统，可选择 39 倍、45 倍或 52 倍口径炮管。研制计划和试验已经成功完成，系统已经开始生产。被当作一个灵活的选择的是，ATMOS 2000 型火炮系统也能够装备一门俄制 130 毫米 M−46 型火炮。ATMOS 2000 型火炮在 2004 年年底被期望开始用于以色列国防军试验。

ATMOS 2000 型火炮系统可以使用所有的北约组织标准 155 毫米弹药，已经示范能够达到 41 千米的最大的靶射程，使用一种全膛底喷增程弹，在发射时点燃装于弹丸底凹内的药柱，向后排出燃气，减少弹底大气涡流的负面影响来减少阻力增加射程。

基本参数	
口径	155毫米
总重	不详
最大射程	不详
炮口初速	不详
高低射界	不详
水平射界	不详

■ 作战性能

该火炮能够依照客户的需求，在旋转底盘车辆上有一个广泛的选择范围。轮式可以提供更高的战略机动性、较低的采购价格、降低全寿命成本、较容易操作和维护，能更好地在包括市区及郊区范围操作。轮式卡车具有非常好的非公路行驶性能。驾驶室采用装甲保护，可以抵抗轻武器射击和炮弹碎片。

知识链接 >>

火炮系统由四名或六名人员操作。选择好发射地点，车辆后部两个巨大的液压操作底座驻锄在两侧降下到地面；目标的信息由监视巡逻系统或前方观测人员提供到作战单位；先进火控系统包括导航、瞄准和弹道计算设备；炮管左右移动、调节仰角及瞄准目标射击可自动操作，也可手动操作。

▲ ATMOS 2000 型自行火炮系统

LAR-160式160毫米火箭炮（以色列）

■ 简要介绍

LAR-160式是以色列军事工业公司 20 世纪 80 年代研制的口径 160 毫米多管火箭炮，主要用于压制和摧毁装甲部队、机械化部队以及固定和半固定军事设施。该火箭炮共有自行式和牵引式两种。

■ 研制历程

第四次中东战争结束后，以色列在总结战争经验时，感觉到迫切需要一种配合大规模机械化部队进攻作战的能迅速展开攻势、压制敌方炮兵和防空阵地的火箭炮。因此，以色列军工部队委托国家军事工业公司积极开发，该公司用了两年时间，便研制出了 LAR-160 式 160 毫米火箭炮。

LAR-160 式 160 毫米火箭炮系统具有重量轻、整套装备体积小、采用新技术和新材料、射程远的特点。该武器系统由一个多管火箭发射装置安装在移动平台上，由一个或两个发射箱组成。发射箱内有数个定向管，其数量可根据运载底盘的大小和载重而定，分 8 管、16 管、18 管、26 管、32 管、36 管、50 管。该炮采用消耗发射集装箱方式，多管火箭在再发射时，只需整体卸下并换装消耗发射集装箱，性能稳定，安全可靠，作战迅速。

基本参数

基本参数	
口径	160毫米
全长	3.46米
最大射程	45千米
高低射界	+11° 至+55°

■ 实战表现

LAR-160 火箭炮系统由于采用新技术和新材料，火箭炮重量轻，整套装备体积小，在战争中展现了良好的性能。后来，这种火箭炮出口到土库曼斯坦等 17 个国家。

知识链接 >>

以色列作为一个周边皆敌的小国，军队高度重视炮兵、空军、装甲兵的作用，这些作战力量是让数量上不占优势的军队战胜数量占绝对优势对手的主要手段。虽然美国军工体系对以色列进行援助，但其空白之处就是火箭炮，这也成了以色列自行研发的入手点。

▲ 智利军队装备的 LAR-160 式 160 毫米火箭炮

ADAM/HVSD 弹炮结合防空武器系统

（美国／以色列）

■ 简要介绍

ADAM／HVSD 弹炮结合防空武器系统是美国通用动力公司和以色列拉法尔军火研制局于 20 世纪 90 年代初开始研制的，ADAM／HVSD 是"防空反导导弹／重要阵地防御"的英文缩写。其中的"守门员"高射炮是美国通用动力公司研制的；ADAM 导弹则是以色列研制的，又称"巴拉克"I 型导弹，是"巴拉克"舰空导弹的改进型。

■ 研制历程

以色列在防务过程中，一直受到美国的多方援助。在此基础上，以色列也积极发展自己的火炮武器研制，比如著名的由索尔塔姆公司研制的"卡多姆"迫击炮（又名"短柄斧"）曾多年服役于以色列炮兵部队，堪称迫击炮中的"古董"。

20 世纪 90 年代以后，以色列的军工生产获得了美国的认可。尤其以色列军事工业公司研制出的新型激光制导炮弹经过美国陆军的使用后，证明其具有优越的城市作战能力。在此基础上，两国开始了联合开发。其代表就是美国通用动力公司和以色列拉法尔军火研制局的杰作——ADAM／HVSD 弹炮结合防空武器系统。

基本参数	
口径	20毫米
总重	97.8千克
最大射程	12千米
炮口初速	680米／秒

■ 实战表现

ADAM／HVSD 弹炮结合防空武器系统，主要由 12 联装 ADAM 导弹垂直发射装置、6 管 20 毫米"守门员"高射炮、火控系统和载重车组成。12 枚导弹垂直发射装置前后两排 6 联装安装在载车后部。系统最初使用履带式载车，后改为军用卡车。其战斗部为破片杀伤型，爆炸时可飞出大量金属碎片。"守门员"高射炮的火力可覆盖导弹最小射程 0.5 千米以内。

"巴拉克"导弹系统

知识链接 >>

射程远、精度高、单发杀伤概率大是地空导弹武器系统的优点，但其抗饱和攻击能力差，又易于被干扰。高炮是以拦阻射击杀伤目标的，虽然单发杀伤概率低，射程亦近，但在抗饱和攻击中战斗韧性高，一般都有光学指挥仪，抗电子干扰能力强，虽然平均弹药消耗量大，但价格低廉。由此产生了地空导弹与高炮混合配系的必要性，进而使弹炮结合防空系统成为近程防空武器中的"新宠"。

GC45 式 155 毫米加农榴弹炮 （加拿大）

简要介绍

GC45 式加农榴弹炮是 20 世纪 70 年代中期加拿大魁北克空间研究公司开始研制的口径 155 毫米的牵引式加农榴弹炮，也是有"大炮疯子"之称的杰出火炮设计师吉拉德·布尔博士推出的世界上最早采用 45 倍口径身管与远程全膛弹药配合实现远程射击的加农榴弹炮。

研制历程

20 世纪 60 年代末，世界上最先进的 155 毫米压制火炮都只有 39 倍口径的身管，发射标准榴弹时射程仅有 24 千米，发射火箭增程弹射程也不过是 30 千米。

而在这时，加拿大的杰出火炮设计师吉拉德·布尔博士正在研制超级巨炮，他认定长身管大药室技术是大幅提升常规压制火炮性能的有效手段。丰富的经验加上天才的头脑，使布尔设计起新型长身管加榴炮来驾轻就熟。1975 年他刚刚成立魁北克空间研究公司不久，就研制出了名为 GC45 式的 45 倍口径 155 毫米加榴炮。

基本参数	
口径	155毫米
总重	8220千克
全长	6.98米
最大射程	43千米
炮口初速	897米/秒

作战性能

GC45 式 155 毫米加农榴弹炮使用的是专门开发的 MK10MOD2 式 155 毫米远程全膛榴弹，还有世界上第一种远程全膛底排弹。这些先进弹药突破了以往火箭增程弹战斗载荷小、命中精度差的缺陷，为常规火炮远程打击技术的革新起到至关重要的推动作用。GC45 的身管采用电渣重熔钢整体锻造，并经自紧处理，使用寿命达 2500 发；其断隔螺式炮闩上装有自动关闩、开闩凸轮装置。

▲ GC45 式 155 毫米加农榴弹炮

知识链接 >>

1979年11月，魁北克空间研究公司将GC45的生产许可权和销售权，转让给了奥地利沃斯特－阿尔皮诺公司，从此45倍口径长身管压制火炮技术在全世界范围内扩散。这样，布尔博士凭借自己的能力，在世界大口径压制火炮领域掀起了一场"45倍口径身管革命"，使西方国家的155毫米压制火炮技术，在半个世纪里发生了第一次飞跃，对世界火炮发展做出了重大贡献。

TERUEL MRL

"特鲁埃尔" 3式140毫米火箭炮（西班牙）

■ 简要介绍

"特鲁埃尔" 3式火箭炮是西班牙圣·巴巴拉军事工业公司20世纪80年代初期研制的一种140毫米40管自行火箭炮，由发射装置、电发火系统、发射车和瞄准装置等组成。该火箭炮于1985年装备西班牙陆军，主要用于对集群目标实施饱和射击。

■ 研制历程

西班牙是北约组织中较重视发展火箭炮的国家，20世纪70年代末，已有6种以上火箭炮投入使用，其野战陆军司令部2个直属炮兵旅中各辖一个火箭炮团，使用216毫米L21/E2/E3式和300毫米L10/D3式以及381毫米L8/G3式火箭炮。

20世纪80年代初，为取代师属火箭炮营中的西班牙国产E-20 / E-32式108毫米火箭炮，西班牙国防部火箭研究与发展委员会与圣·巴巴拉军事工业公司开始研制一种140毫米的40管自行火箭炮，称为"特鲁埃尔"式，其中最著名的是"特鲁埃尔" 3式。

基本参数

基本参数	
口径	140毫米
总重	76千克
全长	3.47米
最大射程	28千米
炮口初速	687米/秒

■ 作战性能

"特鲁埃尔" 3式140毫米火箭炮由发射装置、电发火系统、发射车和瞄准装置等组成。发射架有40根定向管，分两组排列，每组4排，每排5管。运载发射车采用卡车底盘，驾驶室有装甲防护，顶部装有一挺7.62毫米机枪。该炮配有杀伤爆破火箭弹、布雷火箭弹和发烟火箭弹。并配有专用弹药车补给弹药，弹药车可装运4个发射箱共80发弹，两名操作人员只需5分钟即可将40发弹药再装填完毕。

▲ "特鲁埃尔"3式140毫米火箭炮

知识链接 >>

多管火箭炮最显著的优点是发射管数多、弹丸威力大，一次齐射的时间短，火力强，适合对大面积目标进行饱和射击。因此，多管火箭炮在配用各种不同的火箭弹战斗部后，成为一种能提供大面积瞬时密集火力的有效武器，可以压制或歼灭敌集结地域内的有生力量和技术兵器，与敌炮兵进行炮兵战，也可用于压制或破坏敌防空兵器，还能摧毁敌远距离的装甲集群目标。

图书在版编目（CIP）数据

火炮 / 张学亮编著 . — 沈阳：辽宁美术出版社，
2022.3（2025.5 重印）

（军迷·武器爱好者丛书）

ISBN 978-7-5314-9123-1

Ⅰ.①火… Ⅱ.①张… Ⅲ.①火炮—世界—通俗读物
Ⅳ.① E924-49

中国版本图书馆 CIP 数据核字 (2021) 第 256718 号

出 版 者：辽宁美术出版社
地　　址：沈阳市和平区民族北街29号　邮编：110001
发 行 者：辽宁美术出版社
印 刷 者：天津画中画印刷有限公司
开　　本：889mm×1194mm　1/16
印　　张：14
字　　数：220千字
出版时间：2022年3月第1版
印刷时间：2025年5月第2次印刷
责任编辑：张　畅
版式设计：吕　辉
责任校对：李　昂
书　　号：ISBN 978-7-5314-9123-1
定　　价：99.00元

邮购部电话：024-83833008
E-mail：lnmscbs@163.com
http://www.lnmscbs.cn
图书如有印装质量问题请与出版部联系调换
出版部电话：024-23835227